本书由

陕西省人文社科重点研究基地

油气资源经济管理研究中心

西安石油大学优秀著作出版基金

资助出版

中国碳排放强度与减排潜力研究

李志学 著

中国社会科学出版社

图书在版编目(CIP)数据

中国碳排放强度与减排潜力研究/李志学著.—北京:中国社会科学出版社,2016.9

ISBN 978-7-5161-8561-2

Ⅰ.①中… Ⅱ.①李… Ⅲ.①二氧化碳—排气—研究—中国 Ⅳ.①X511

中国版本图书馆 CIP 数据核字(2016)第 157868 号

出 版 人 赵剑英
选题策划 罗 莉
责任编辑 刘 艳
责任校对 陈 晨
责任印制 戴 宽

出 版 中国社会科学出版社
社 址 北京鼓楼西大街甲 158 号
邮 编 100720
网 址 http://www.csspw.cn
发 行 部 010-84083685
门 市 部 010-84029450
经 销 新华书店及其他书店

印 刷 北京明恒达印务有限公司
装 订 廊坊市广阳区广增装订厂
版 次 2016 年 9 月第 1 版
印 次 2016 年 9 月第 1 次印刷

开 本 710×1000 1/16
印 张 13.75
插 页 2
字 数 213 千字
定 价 52.00 元

凡购买中国社会科学出版社图书,如有质量问题请与本社营销中心联系调换
电话:010-84083683

前 言

能源作为一种不可再生物质，支撑着经济繁衍生息、蓬勃发展，是国民经济发展的源泉和动力，社会繁荣离不开它，人类文明也离不开它，自然选择、适者生存更离不开它。一个国家的科学技术和生产发展水平以它的开发利用广度和深度为重要的衡量依据。能源的发展源远流长、生生不息，从古至今，每一种能源的发现和利用，都把人类支配自然的能力提高一个台阶；能源科学技术的每一次飞跃，都会引起生产技术的重大突破和革新。能源消费日趋激烈带动了机械、动力工业的迅猛发展，其燃烧释放出大量的温室气体，大气中的温室气体（CO_2和 CH_4等）浓度不断增加，导致目前学术界一致认为时下热点问题——全球气候变暖的主要诱导因子是人类活动中的化石燃料的燃烧所排放的温室气体产生的温室效应引起的，尤以 CO_2的比重最大，高达63%。研究结果表明，工业革命前大气中的 CO_2平均浓度为 280×10^{-6}（体积百分比），现如今已达到 380×10^{-6}。近年来，气候变暖问题倍受世界各国瞩目，各种迹象也印证了这样的推断是不争的事实。统计数据显示，一百多年来，地球表面温度平均上升了0.6℃±0.2℃，近十年来，全球“暖冬”现象也普遍存在。

气候变暖是全球十大环境问题之首。近一百年来，全球平均温度由0.56℃上升至0.92℃，上升了0.36℃，随之而来的冰川融化、海平面上升、热浪、干旱等极端气候现象应运而生，严重威胁了人类的生存和发展。人类应对极端气候灾害成为时下最严峻的挑战和考验，一系列的政治、经济、军事冲突势必也会产生。

众多的研究结果显示，气候变暖的罪魁祸首便是温室气体，尤其是二氧化碳含量的剧增。它是大气中的温室气体吸收了地球表面的长波辐射，使得地球在散发来自太阳辐射的热量时有一部分被保留在空气中，地球表面温度也随之升高，加剧了地表温度的异常上升，使得地球气候系统失衡，引起极端气候灾害。气候问题愈演愈烈，世界各国不得不加以重视。环境和发展大会于1992年在《联合国气候变化框架公约》中规定了缔约方中发达国家2000年的二氧化碳应与1990年持平的减排任务。日本京都于1997年召开的第三次缔约方大会通过的《京都议定书》中要求发达国家具体的减排任务是温室气体排放量要在2008—2012年间比1990年降低5%，发展中国家遵守“共同但有区别的责任”的原则。我国作为一个经济发展的大国，必须肩负起节能减排的重大使命，共同为人类的生存和发展贡献一份力量。对此，我国政府高度重视，相继出台了《气候变化国家评估报告》《应对气候变化国家方案》《应对气候变化科技专项行动》等规章制度，力争在2020年实现我国在哥本哈根大会上主动提出的减排承诺：到2020年CO_2排放强度比2005年降低40%～45%。在“十二五”规划中，再次强调节能减排的重要性以及具体实施举措，高度重视化石能源的有效开采和利用，对于建立节约型社会与和谐社会也具有积极的意义。

本书首先以能源和低碳经济的研究背景和意义为出发点，描述了当前气候的严峻形势，我国能源消费强度、能源消费结构、二氧化碳排放和低碳技术创新的主要特征，通过面板数据模型建立了影响我国各地区的二氧化碳排放量的因素模型，并通过收集2005—2010年的相关数据和信息，具体分析了能源消费强度、能源消费结构和技术创新对我国二氧化碳排放总量的影响情况。结果表明，我国近年来的碳排放总量增高的原因是我国能源消费总量迅猛增长，能源消费结构的改善和技术创新的投入可以在很大程度上降低由于经济增长带来的碳排放。该研究表明，降低能源消费强度、调整能源消费结构以及加大技术创新力度是降低碳排放量的必然选择。在明确了碳减排的三种途径之后，针对三方面的努力采取了相应的具体措施。考虑到碳减排的措施选择是一项多种输入和多种输出的决策规划行为，借助于数据包络分析（DEA）法，比较分析了我国2010年各地区碳减排投入产出的效率，并针对低效率的地区，参照高效率地区的投入指标，进行了各项资源的有效调整和合理配置，以期为我国发展低碳经济提供指导。结果表明，我国各地区的碳减排效率存在地域差异，技术效率较高的地区达到了“投入少产出多”的经济效应，而技术效率较低的地区出现了投入冗余、产出不足的现象，在模型分析的过程中，通过参照效率较高的地区的投入产出进行调整，以使其达到较为理想的状态。该研究表明，中国碳减排效率有待大幅提高，全国上下共同加入到碳减排的队列中来迫在眉睫。最后，文章根据实证分析的结果，总结国外发展低碳经济的经验，并结合我国的实际情况，就如何实行碳减排举措提出了相应的对策建议。

关于能源消费强度、能源消费结构、技术创新等和碳排放之间相互关系的研究有很多，相比之下，本书的创新表现在以下两个方面。

第一，鉴于本研究序列具有时间效应和空间效应，所以采用了面板数据模型进行了多元回归分析，这种回归模型克服了简单的多元回归模型所欠缺的时间序列上的数据的回归分析，选取了30个地区作为面板数据的横截面，把2005—2010年作为面板数据的时间序列进行了综合分析，得出的结论更加准确，更有说服力。在选取模型指标时，只选取了影响碳排放水平的三个主要因素，剔除了无法衡量的因素对有效自变量的影响和对分析结果的干扰，因为纵观前人的研究可以发现，影响碳排放水平的因素多种多样，其中尤以能源消费强度、能源消费结构和技术创新最为显著，因此实证结果更加确认了三者跟碳排放的关系，也让研究结果更加真实、准确和更具说服力。

第二，本书不只是确定了碳排放的三个主要影响因素与碳排放之间的关系，还在此基础上，在三者对碳排放的作用的指导下，提出了碳减排的评估体系，然后选取四个投入指标和产出指标，运用数据包络分析对我国各地区的碳减排效率进行了综合评价，通过对比和调整，提出了提高碳减排效率的具体措施。这样的分析结果更具针对性和借鉴价值，也更能让节能减排的效率提高。

目　录

第一章 绪论

第一节 研究背景

能源作为一种不可再生物质，支撑着经济繁衍生息、蓬勃发展，是国民经济发展的源泉和动力，社会繁荣离不开它，人类文明也离不开它，自然选择、适者生存更离不开它。一个国家的科学技术和生产发展水平以它的开发利用广度和深度为重要的衡量依据。能源的发展源远流长、生生不息，从古至今，每一种能源的发现和利用，都把人类支配自然的能力提高一个台阶；能源科学技术的每一次飞跃，都引起生产技术的重大突破和革新。

迄今为止，全球范围内能源消费最多的国家多是一些发达国家。北美、亚太和欧洲是主要的石油消费区，它们的消费量超过世界总水平的4/5；天然气的消费主要是北美和俄罗斯一些国家。两个地区的天然气消费总量超过世界总量的一半，亚太地区的煤炭消费占世界总水平的45.3%；核能消费主要是北美和欧洲地区，总消费量超过世界总水平的7/10。然而，不管是煤炭、石油还是天然气，美国的消费总量总是世界第一，其消费总量达到世界总水平的1/4。相对而言，我国的能源消费资源总量虽然很丰富，资源品种也比较繁多，但是中国的地大物博抵不上庞大的人口基数，人均能源消费占有量仅为世界平均水平的1/2。我们广泛使用的煤炭、石油、天然气、水力资源及水电等储量都较大。其中：煤炭的储量为1.5Tt，世界排名第三；

石油为7.0Gt，世界排名第六；天然气为33.3×10^{12}立方米，世界排名第十六；水力资源与水电世界排名第一。但由于人口众多，商品能源人均消费量为800kg标准煤，仅为世界平均水平的1/3；然而，能源分布虽广泛，但是分布极不均衡，丰富的水力资源主要集中在西南交通不便利和地形较为复杂的地区，较为发达的东南沿海地区的煤炭和水力资源则稀缺。90年代后，核电事业开始起步，相继有大亚湾和秦山两座核电站投入运行。

能源的稀缺与分布不均衡使得世界各界对提高能源利用效率的关注度日趋升高。国外为了降低对化石能源的消耗，不断开拓先进的技术以提高能源利用效率，加大清洁能源、可再生能源和低碳能源的开发力度，美国、欧盟和日本相继采取积极的能源战略。2008年8月在美国公布的新能源法案中宣布将对使用节能电器和节能建材的居民减免税收，以此来鼓励民众节约能源。2005年欧盟提出了到2020年节能20%的目标，并发起了一项为期四年的可持续能源运动，大力鼓励用生物乙醇和生物柴油替代石油作为运输燃料，对生物废料的利用从2003年的6900万吨提高到2010年的1.5亿吨。日本也不甘示弱，其经济产业省在拟订的国家能源新战略中提出，争取在2030年之前将GDP能耗降低3/10，而且重点发展燃料电池、核电和生物燃料，以此降低对石油的需求，加大了对风能、水能和沿海岸潮汐能的开发利用。目前，我国对清洁能源和可再生能源的开发和利用还远远不够，我国的水力的可开发装机容量为3.78×10^{8}kW，居世界之首，而开发利用率仅为1/5。风能资源量约为16×10^{8} kW，地热资源的储量为1353.5×10^{8}tce，太阳能、生物质能、海洋能等储量更是领先于世界总体水平。鉴于如此优越的开发潜力，我国加大开发力度，通过积极发展优质能源，在能源结构调整方面已取得了长足的进展。但是我们不能麻痹大意，国内油气资源相对匮乏，在极短的时间内改变石油、天然气在一次能源消费中的比重几乎不可能，即在近期内改变煤炭在一次能源消费中的显著地位是天马行空的。我国太阳能、地热能、风能、水力资源和生物质能虽然储量丰富，但是这些清洁能源和可再生能源的挖掘与利用的技术不易开发，巨额的开发资金无法承担，大都需要引进国外的先进技术和设备。开发与利用的成本过高导致这些技术尚不能在这些能源的产业化和商品化的进程中得到有力发挥。如此严峻的形势警戒我国应加大资金和人员的力度开发清洁能源和可再生能源，并研究制定出一系列激励政策与机制，尽快完善和健全我国新能源开发利用体系，降低能源开发的成本，使新能源产业化和商品化进程不断推进。唯有这样，我国能源的技术创新水平才能有显著提高。

能源消费日趋激烈带动了机械、动力工业的迅猛发展，其燃烧释放出大量的温室气体，大气中的温室气体（CO_2和 CH_4等）浓度不断增加，导致目前学术界一致认为时下热点问题——全球气候变暖的主要诱导因子是由于人类活动中的化石燃料的燃烧所排放的温室气体产生的温室效应引起的，尤以 CO_2的比重最大，高达 63%。研究结果表明，工业革命前大气中的 CO_2平均浓度为 280×10^{-6}（体积百分比），现如今已达到 380×10^{-6}。近年来，气候变暖问题倍受世界各国瞩目，各种迹象也印证了这样的推断是不争的事实。统计数据显示，一百多年来，地球表面温度平均上升了 0.6℃ ±0.2℃，近十年来，全球“暖冬”现象也普遍存在。

气候变暖是全球十大环境问题之首。近一百年来，全球平均温度由 0.56℃上升至 0.92℃，上升了 0.36℃，随之而来的冰川融化、海平面上升、热浪、干旱等极端气候现象应运而生，严重威胁了人类的生存和发展。人类应对极端气候灾害成为时下最严峻的挑战和考验，一系列的政治、经济、军事冲突势必也会产生。

众多的研究结果显示，气候变暖的罪魁祸首便是温室气体，尤其是二氧化碳含量的剧增。它是大气中的温室气体吸收了地球表面的长波辐射，使得地球在散发来自太阳辐射的热量时有一部分被保留在空气中，地球表面温度也随之升高，加剧了地表温度的异常上升，使得地球气候系统失衡，引起极端气候灾害。气候问题愈演愈烈，世界各国不得不加以重视。环境和发展大会于 1992 年在《联合国气候变化框架公约》中规定了缔约方中发达国家 2000 年的二氧化碳应与 1990 年持平的减排任务。日本京都于 1997 年召开的第三次缔约方大会通过的《京都议定书》中要求发达国家具体的减排任务是温室气体排放量要在2008—2012年间比1990年降低5%，发展中国家遵守“共同但有区别的责任”的原则。我国作为一个经济发展的大国，必须肩负起节能减排的重大使命，共同为人类的生存和发展贡献一份力量。对此，我国政府高度重视，相继出台了《气候变化国家评估报告》《应对气候变化国家方案》《应对气候变化科技专项行动》等规章制度，力争在2020年实现我国在哥本哈根大会上主动提出的减排承诺：到2020年CO_2排放强度比2005年降低40%～45%。在“十二五”规划中，再次强调节能减排的重要性以及具体实施举措，高度重视化石能源的有效开采和利用，对于建立节约型社会与和谐社会也具有积极的意义。

气候恶化严重威胁着人类的生存和发展，尤其体现在以下几个方面：对农业方面的影响表现在，一方面增加了农业生产的不稳定性，改变了一贯的农作物生长规律，使得农产品收成降低，产量波动性变大；另一方面气候变暖，土壤温度升高，含水量减少，作物的生长环境被迫改变，也直接影响了农作物的产量。对畜牧业方面的影响体现在草原的承载力和载畜量发生改变，草原供给不能满足牲畜的日常需求，畜牧业产能下降。气候变暖，水资源供需矛盾激化，一些地区的水质发生变化，旱涝灾害频繁发生，微生物繁殖迅猛，疾病传播加剧，人类和动物的死亡率升高。如果我们坐视不管、置之不理，那么人类与自然的斗争将愈演愈烈。温室气体的排放不再加以限制，自然给人类的反击将会一发不可收拾。

国际社会越来越关注环境、能源、人类三方面的协调发展，力求保证经济有序稳定发展的同时，又要防止环境的恶化和能源的浪费，最根本的途径之一便是控制二氧化碳排放。1997年12月，联合国政府间气候变化专门委员会（IPCC）气候大会于日本京都通过了《联合国气候变化框架公约的京都议定书》（UNFCCC），是人类第一步限制各国温室气体排放的国际法案，它是就二氧化碳等温室气体排放导致的气候变暖问题，也是第一个全面达成一致共识的环境保护国际公约，以应对气候变化给人类经济和社会带来的不利影响。它通过149

个国家和地区的代表向全球发达国家传达一个减排目标：到2010年，所有发达国家的温室气体排放量要比1990年降低5.2%，而发展中国家不承担具有法律约束力的减排义务。2008年在波兰波兹南市举行的联合国气候变化大会上，大部分发达国家对发展中国家提出要承担减排任务的要求，而发展中国家的经济发展势必带动高能耗高排放的局面，以至于无法做到发达国家提出的要求。2011年12月11日，在南非举行的《联合国气候变化框架公约》第17次缔约方会议最终通过决议，建立德班增强行动平台特设工作组，决定实施《京都议定书》第二承诺期并启动绿色气候基金。但是至今未有关于二氧化碳减排的相关法律，发达国家借其资金、技术和管理能力的优势采取开征碳关税等举措来应对减排义务，但是却不利于发达国家的经济发展，这使得《京都议定书》第二承诺期的实施难度加大。

中国的能源资源相对丰富，可是其能源消费量巨大，尤其是以煤炭为主的能源消费量逐年飙升，2004年在能源消费构成中，煤炭消费量占据67.7%，由此引发的二氧化碳排放量也位居世界各国之首。2006年仅与能源消费有关的碳排放量已经超过美国，中国承担减排义务势在必行，于2009年11月26日正式对外承诺控制二氧化碳的量化指标，争取使得2020年单位GDP二氧化碳的排放强度比2005年的水平下降40%～45%。虽然依赖煤炭的能源消费方式的事实无法改变，但是我国可以从能源消费强度、能源消费结构以及技术创新的角度不断挖掘中国各行业的减排潜力，以提高能源的利用效率，降低能源系统的成本，并从技术方面寻求可再生能源和清洁能源来替代煤炭等不可再生能源的消费。

第二节　研究意义

人类依赖能源生存发展、繁衍生息，社会依赖能源繁荣进步、富强发达，国民经济和人民生活依赖能源蓬勃富裕、稳定安康。我国经济迅猛发展，技术不断革新，以煤炭为主要能源消费结构已经对自然和环境造成了一定的负面影响，有必要进行调整和规划。从能源消费结构的角度分析和研究，能够指导我国探求一条健康、稳定、持续的发展经济的途径，对于建立和谐社会、节约型社会、可持续发展社会意义重大。我国作为全球的子民，气候变化问题不仅仅是发达国家的责任和义务，气候灾害跟我们的生活和生存息息相关，我们也应该承担起节能减排的义务，响应国际环保的号召。虽然目前我国处于经济发展的关键时期，可是如果不处理好环境、能源和经济的和谐发展，在今后将会为自己今天的行为付出惨痛的代价，尤其是带给子孙后代不可恢复的损失和伤害。权衡利弊，碳减排和经济发展关系必须认真对待、切实处理。

能量（特别是石化能源）是经济发展的动力，是国民经济健康、稳定发展的物质基础。一个国家（地区）经济发展与能源净占有及利用应该是相匹配的，但如果不能合理高效地利用能源，能源将会成为经济发展的瓶颈。随着工业生产的不断发展和人民生活水平的不断提高，对能源的消耗量也越来越大，然而自然资源（不可再生能源）的不断消耗使其储量也越来越少。因此，如何优化能源结构，提高能源利用效率，是我国乃至世界目前所面临的重大课题，这是本书研究的主要宗旨。全球气候变化是人类迄今面临的最为复杂的问题之一，也是能源发展面临的巨大挑战。解决气候变化问题的根本措施是减少温室气体的人为排放，特别是能源生产、消费过程中的二氧化碳的排放。为此，世界各国正致力于寻求在后京都时代更加有效（或许更加严格）的减排行动。中国是能源消费大国（是仅次于美国的第二号碳排放大国），能源发展已成为影响国家经济又好又快发展的命脉，实现经济发展的同时环境污染又成为振兴工业经济的突出矛盾和瓶颈因素。当前，深入贯彻落实科学发展观精神，加快转变经济发展模式，建设资源节约型和环境友好型社会，是我国工业发展中十分艰巨的战略任务。本研究的目的是要找出一条适合中国各地区自身的资源消耗低、CO_2排放量少、环境污染少、科技含量高、经济效益好的新型工业化道路。首先比较国际、中国的实际情况，以全国 31 个省份为例，从不同行业的角度采用多元回归分析模型，分别从能源消费强度、能源消费结构、技术创新三个方面对碳排放的影响进行研究，以找出三者对碳排放的具体影响程度，并评价各地区碳减排效率，以此为突破，最终提出优化能源结构、提高能源利用率的减排技术与对策，对掌握全国各地区的碳排放变化趋势，分析能源消费强度、能源消耗结构及技术创新与碳排放之间的关系等方面具有重要的意义，并从根本上限制碳排放的主要来源，以达到节能减排的目的。

作为一个人口众多、资源相对稀缺以及能源使用效率分布不均的发展中国家，规模庞大的能源活动带来相应巨大的能源排放。相对于能源结构短缺的危机来说，经济增长所必需的频繁能源活动正在受到更为严重的来自环境容量的制约。而且在中国全面可持续发展的和谐社会以及全球气候变化的时代条件下，关于能源环境问题的研究更具有现实意义。在分析中国能源环境现状的同时，也为中国节能减排目标的实现以及建设可持续发展道路提供政策建议。其次探索能源环境发展战略也是贯彻中央提出的科学发展观以及坚持以人为本，走出一条全面、协调、可持续发展道路的深刻体现。另外，具有中国国情的能源环境研究也是建设经济强国、能源强国的重要要求，对于提高国家的国际地位、改善全球环境、促进人类的健康生活等具有重要的现实意义。

一 理论意义

能源、经济和环境问题一直是国际和国内的热点问题。本书的选题和研究依托环境经济学、能源经济学、统计和政策研究理论等相关经济理论，为能源—环境研究勾画出了一个统计分析和政策研究的基本框架。特别是在二氧化碳排放研究、能源消费分析等方面进行了符合中国国情的研究。从而在借助经济分析理论的同时，丰富了能源、经济和环境范畴的研究方面，也为能源经济学、能源环境学的学科发展提供了一定的理论支持。

二 实际应用价值

控制温室气体排放，防止全球气候变暖是全人类的责任，需要世界各国的共同参与和努力。中国是仅次于美国的第二号碳排放大国，进行碳排放变化规律以及影响因素间的相关研究，对掌握中国碳排放变化趋势和能源消费强度、能源消费结构与技术创新之间的关系等方面具有重要的意义。首先，碳排放测算的数据及其影响因素间的实证分析结果，对于政府间国际谈判、制定长期能源战略和实施节能减排政策等方面具有一定的参考价值。其次，本研究从我国31个省份的碳排放影响因素以及碳减排效率两个角度，实证分析中国能源消费强度、能源消费结构以及技术创新与碳排放之间的关系，丰富和完善了国内外相关研究成果。通过对碳排放的影响因素分析，探究影响碳排放的能源消费强度、能源消费结构以及技术创新等因素，发现这些因素对碳排放的贡献程度存在区域差异。最后，本研究的实证研究结果对于未来中国制定能源政策和温室气体减排政策等方面也具有重要的意义。

第三节　国内外研究现状综述

随着全球环境问题的日益突出，二氧化碳减排不仅是一个缓解气候变化的问题，而且还成为各国在环境、经济、社会和政治问题上讨论的热点。碳减排的核心问题是能源问题，因为任何控制二氧化碳排放的政策最终都会涉及各国的能源消费问题。因此，研究人员从不同角度出发，通过建立各种理论和数学模型，分析二氧化碳减排与能源消费的关系、各种控制政策和措施等，力求实现节能减排的目的。本研究主要是从碳排放水平、影响因素水平、影响因素对碳排放的影响以及控制影响因素对碳排放影响的方面进行分析和研究，首先测算了碳排放量、碳排放影响因素的现状，然后通过面板数据模型和数据包络分析方法对中国各地区的碳排放情况做了实证分析。所以此处将从碳排放的测算、碳排放的影响因素以及分析碳排放与影响因素的方法三个方面分别对国内外的研究进行综述。

梳理已有的相关研究，我们发现碳排放的影响因素有单变量的独立作用，也有多变量的共同影响，变量间的因果关系既有单向的也有双向的，既有短期的也有长期的，既有正向的也有反向的。即便是同一个国家的相近时间段，结论也不尽相同。已有研究成果见表1-1。

表1-1　　已有研究成果中碳排放现状以及影响因素研究

作者	研究方法	对象	时间段	结论
Soytas U（2007） （苏伊特斯）	Granger因果检验	美国	1960—2004	能耗—碳排放
Halicioglu F（2009） （阿伊修格鲁）	EKC假设、ECM	土耳其	1960—2005	能耗—碳排放 收入—碳排放
Dinda S（2006） （丁达）	ECM	88个国家	1960—1990	GDP-CO_2
方勇（2011）	面板数据模型	中国30个省份	2000—2009	能源消费结构、能源消费强度、经济发展水平、产业结构、人口规模—碳排放
张军委（2010）	灰色关联分析方法	中国重庆	1985—2008	能源消费、经济增长—碳排放
孙猛（2010）	多元回归分析	中国	1985—2007	能源消费结构、能源消费强度、经济发展、人口总量—碳排放
许广月（2010）	面板数据模型	中国	1990—2007	能源消费、经济增长—碳排放
刘长信（2010）	退耦理论	中国工业部门	1994—2007	行业结构、能源强度、能源消费结构—碳排放
杜鹃（2011）	向量误差修正模型	中国	1978—2008	人均GDP、能源强度、产业结构、对外开放度—碳排放

续表

作者	研究方法	对象	时间段	结论
田徵（2010）	EKC模型	中国辽宁省	2000—2005	人均GDP、能源利用效率、能源消费量产业结构、经济增长—碳排放
余建清（2011）	空间自相关	中国广东省	2000—2009	经济发展水平、能源消费结构、能源消费强度、产业结构变动、进出口贸易、地区经济政策—碳排放
李武（2011）	环境库兹涅茨曲线	中国	1978—2009	经济发展水平、能源消费量特征、能源效率、能源结构—碳排放

一 碳排放量的估算

关于碳排放量的估算，2007年IPCC第四次评估报告中是以化石燃料的燃烧、水泥的生产和土地的利用为依据进行测算的，主要考虑的是这三个方面跟人类的活动密切相关。相关文献表明，化石燃料的燃烧是碳排放的主要来源，是导致全球气候变暖的罪魁祸首。每年化石燃料的燃烧会向大气中排放约60亿吨的二氧化碳，占大气中碳排放总量的70%以上。乔蒂帕瑞克（Jyoti Parikh）、Manoj Panda（马诺潘达）（2009）基于投入产出表和能源消耗核算矩阵，从生产消耗和家庭消耗两个方面，测算出印度经济发展过程中所产生的直接碳排放和间接碳排放，并依此分析碳排放的结构。追根溯源，从碳排放来源的角度寻找其测算方法是切实可行的。专家学者们采取的方法主要有物料衡算法、模型分析法、排放系数法、实物法等。每个方法都有其局限性，可是却能在一定程度上指导实际问题，其中采用最多的方法是物料衡算法和排放系数法。国外学者们更青睐于物料衡算法，在此方面的研究颇多。它根据质量守恒原则，把生产过程中的生产工艺、环境治理、资源利用和碳排放量相结合，定量分析各种物料的使用情况，由此估算出碳排放量，是一种比较系统、全面、科学、有效的测算方法。这种方法不仅可以用来测算全部生产过程中的总物料衡算，而且还可以用于某段生产过程中的局部物料衡算。曾经 IPCC 给出了两种方法，一个是根据燃料分类的衡算法，一个是根据技术分类的衡算法，两种方法都是采用实际燃料的含碳量与非能源固碳量的差额与燃料的氧化率的乘积测算碳排放量的，不同的是后者比前者多乘了一个技术设备类型。早期国外学者 Schimel（斯彻米尔）利用物料衡算法测算了 20 世纪 80 年代的世界发达国家的碳排放量，结果表明世界上 78% 的碳排放总量是化石燃料的燃烧以及水泥生产导致的。随后，MaJ 和 Streets DG 等也应用横算法测算了中国能源消费的碳排放总量，结果表明 2000 年中国化石燃料燃烧导致的碳排放量占全球碳排放总量的 11% 左右。

关于碳排放的计算方法国内学者也因人而异，马忠海（2003）采用相关性分析方法估算出不同能源的碳排放系数，据此对中国碳排放进行测算。张德英（2005）、王雪娜（2006）分析了碳排放影响因素之间的互动机制，采用系统仿真的方法，不仅对碳排放系统进行了模拟，而且对碳排放量进行了估算。徐国泉、刘则渊、姜照华（2006）构建关于碳排放的基本等式，采用对数平均权 Disvisia 分解法，对中国的碳排放进行了测算。谭丹、黄贤金（2008）首先估算了煤、石油、天然气这三种基础能源的碳排放系数，然后结合《国家统计年鉴》里的三种基础能源统计数据，对碳排放量进行了估算。毛玉如（2008）以物质流分析为基础，追踪碳足迹，继而测算出碳排放量。徐大丰（2010）借鉴学者谭丹、黄贤金的碳排放估算公式，对中国生产生活领域、各行业和各地区的碳排放进行了估算，并对其结构特征进行研究。李慧明、杨娜（2010）从低碳经济理论研究及实践进展方面对低碳经济进行科学诠释，梳理总结了国内外学者对碳排放定量分析的相关研究。

二　碳排放的影响因素

国内外关于能源消耗和二氧化碳排放预测的研究也很多。Nicos M. Christodoulakis（尼古斯 M. 克瑞斯特多拉斯）等（2000）施加了社区影响的因素，对希腊的二氧化碳排放和能源消耗进行了预测。Christoph Weder（克瑞斯多芬－韦德）等（2000）分别用情景分析模型和投入产出模型研究了能源需求和温室气体排放影响因素问题。F. Gerard Adams（亚当斯）等（2008）基于能源平衡表建立了计量经济模型预测了中国 2020 年能源消费和能源进口量。Detlef P. vanVuuren（迪特莱夫皮·万沃伦）等（2009）分别用自上而下和自下而上的方法估计了全球温室气体的减排潜力。

国内关于能源消费和 CO_2 排放预测的研究主要以情景分析和计量经济方法为主。朱达（2000）通过分析环境—能源—经济系统的特征，运用经济学理论、计量经济学方法，建立了考虑环境影响的中国能源需求模型，完成了中国 2000—2050 年能源需求和 SO_2、CO_2 排放的预测。郑博福等（2004）用情景分析法对我国未来能源消费状况及可能带来的环境影响设置了 3 种情景进行预测和分析。梁巧梅等（2004）应用投入产出法和情景分析法进行了能源需求和能源强度的情景预测。王冰妍等（2004）采用 LEAP 模型以上海案例研究了低碳发展下大气污染物和 CO_2 排放的情景分析。林伯强等（2007）采用协整技术研究了中国煤炭需求的长期均衡关系，预测未来一段时间内中国煤炭的需求，分析了煤炭需求对环境资源、煤炭供应和煤炭价格的影响。张斌（2009）运用情景分析方法，测算出了我国 2020 年电力能源的消费以及由此引起的碳排放强度。

三　碳排放影响因素动态分析

关于碳排放的影响因素，涉及的有能源消费强度、经济发展水平、产业结构、能源消费结构、技术水平、能源价格、人口规模、城市化水平、行业布局等，学者们运用的方法各不相同，其中因素分解法、指数分解法、投入产出法等，都是对影响碳排放的一系列因素进行的系统分析。因素分解法起源于国外学者 Ehrlich PR（埃利希 - 皮特）于 1971 年提出的 IPAT 模型。此模型的表达式为 I = PAT，其中：I 为来自环境方面的压力；P 表示人口数；A 表示富裕程度；T 为技术。P、A、T 分别表示可能影响环境的三个驱动因素。Silberglitt R（斯里伯格利特）等采用 IPAT 模型对美国交通行业的二氧化碳排放的影响因素进行了实证分析，结果表明，对 CO_2 的排放贡献率最大的是乘车距离这一因素。James C. Cramer（詹姆斯）等利用 IPAT 模型研究了美国加州的收入、人口、技术等因素对二氧化碳排放量的影响程度，并分析了碳排放对它们的反作用。虽然学者们越来越青睐 IPAT 模型，但是该模型存在局限性，适用的范围狭窄，有些学者提出质疑后对该方法进行了改进。最具代表性的是国外学者 Thomas-Dietz（托马斯 - 得特斯）等提出的 STIRPAT 模型，该模型克服了 IPAT 模型的局限性，适用范围较广，被国内外研究学者广泛适用。York R（约克）等利用 STIRPAT 模型，选取不同的国家为研究对象，分析了不同国家二氧化碳排放与人口之间的关系，结果显示，不同国家人口数对碳排放的弹性系数均小于 1。Scholes（斯科尔斯）等运用改进的 STIRPAT 模型分析了日本的人口数与二氧化碳排放的影响关系，结果显示，日本的人口数对碳排放的影响不显著。

国内许多学者在研究碳排放的影响因素时，考虑到多因素对碳排放量的共同影响。方勇（2011）通过将全国划分为重度、中度以及轻度碳排放区域，以此为研究对象构建面板数据模型实证分析碳排放强度的影响因素，结果表明，重度、中度碳排放区域的显著影响因素有能源消费强度、经济发展水平、能源消费结构和人口规模，轻度碳排放区域的显著影响因素除了包括能源消费强度、经济发展水平之外，还包括产业结构。田徵利用 2000—2005 年辽宁省的能源利用数据，分析了辽宁省的能源消费结构和能源消费强度以及能源利用效率的变动规律，能源利用过程中的 CO_2 排放量，各能源类型对大气 CO_2 的贡献率，探索辽宁省节能和 CO_2 减排的技术与对策。刘长信通过修正的 Laspeyres 指数分解方法研究了 1994—2007 年间中国工业及分工业部门 CO_2 排放的主要影响因素，解析了差异原因。然后，基于退耦理论深入研究了工业部门碳排放与经济增长之间的耦合状态和减排政策执行的有效性。最后，从碳排放强度的角度对各分工业部门的减排潜力进行了分析和挖掘，进而利用情景分析理论对未来我国工业能源需求及 CO_2 排放进行了预测。余建清以广东省化石燃料能源消费所导致的碳排放问题为核心，首先研究 2000—2009 年的时间序列内广东化石燃料碳排放的变换特征、时空地域差异及其影响因素，然后采用 LMDI 分解方法找出影响广东省总体能源消费碳排放的主要因素是能源消费结构、能源消费强度、经济发展和人口规模。李武通过环境库兹涅茨曲线的假说，构建了中国二氧化碳的环境库兹涅茨曲线模型，使用普通最小二乘法、平稳性检验、协整检验等方法，实证分析了中国 1978—2009 年人均实际 GDP、能源效率、能源结构与碳排放总量之间的关系。杜鸥提出影响我国人均二氧化碳增长率的因素有经济效应、能源效应、结构效应和对外开放效应，通过计量经济学的方法建立协整方程和向量误差修正模型，分析了变量的长期均衡关系和短期变动。许广月利用 Divisia 指数分解法估算了中国及其各省份 1990—2007 年的碳排放量，不仅实证研究了碳排放的影响因素，而且还对三者间的关系进行了实证研究。孙猛采用 LMDI 因素分解方法，研究了能源消费结构、能源消费强度、经济发展和人口总量变化对中国能源消费碳排放的影响，并进一步对中国能源消费强度的驱动因素做了分解研究，分别考察了各种影响因素对碳排放总量变化特征和行业碳排放差异性的影响，其中能耗强度效应和经济发展效应是影响中国能源消费碳排放的最主要因素。张军委运用协整检验和误差修正模型实证研究了重庆能源消费、碳排放量和经济增长之间的长期和短期关系，运用T型灰色关联度方法和对数平均权重Divisia分解法对影响能源消费和碳排放量的因素进行了深入的剖析。

四　国内外研究特点、区别和不足

综上所述，目前国内外有关碳排放的研究存在着以下特点和不足：（1）研究内容主要集中于能源碳排放的总量和行业特征，且单一地从研究碳排放到研究能源与经济发展之间的诸多关系。（2）多数文献以中国或某个大区域作为研究对象，而较少以省（自治区、直辖市）为对象，因此省区之间的对比分析极为少见，特别是某单个省区内部的碳排放分析和区域差异对比研究尤其匮乏。或者研究区域较为传统，不外乎传统的东部、中部和西部三个区域或者是沿海经济圈、长三角和珠三角，这种划分区域的方式仅仅考虑了地理位置和经济发展两个因素，是否会影响到研究结果的偏向性有待进一步考究。（3）在进行碳排放影响因素分析的时候，对于被解释的变量，选取的目标值有碳排放量、碳排放强度、人均碳排放量等，不同的变量所得结果也各不相同，对实际的指导工作有偏差；另外就解释变量而言，不少学者重点分析碳排放水平与经济发展水平的关系，忽视能源消费结构、强度以及产业结构等因素对碳排放的影响，影响因素较为单一，以偏概全的现象比比皆是。（4）尽管不少文献作品涉及研究碳排放的机理和动力因素，但其对象仅仅限于总量的宏观研究，而真正深入到行业内部的微观研究较少。鉴于此，本研究不同于大多数文献，表现在：一方面，本研究将全国划分为30个省份，不带有区域划分的偏向性，比较系统、全面地分析了各个地区的碳排放量与影响因素之间的关系。另一方面，对于碳排放的影响因素分析，本研究选取碳排放强度指标来代表碳排放水平作为被解释变量，以能源消费强度、能源消费结构和技术创新为主要解释变量，通过构建面板数据模型对全国各个地区进行实证分析。另外，就碳排放水平与影响因素的动态演变关系而言，本研究通过数据包络分析方法，对各个地区的碳减排潜力进行了深入分析，客观评估我国部分省区碳减排状况，从而有助于我们更清晰地认识二氧化碳的排放特征以及与影响因素的关系，也有助于对节能减排做出科学决策。

然而，本研究尚有不足之处。一方面，对于碳排放水平的影响因素分析，参考相关文献的研究，抽取了三个主要影响因素对碳排放进行了实证分析，忽视了人口规模、经济发展水平等对碳排放的影响，在一定程度上虽具有代表性，但是缺乏全面性。另一方面，本研究是通过构建面板数据模型进行的实证分析，不同于一些学者的因素分解法以及指数分解法，这主要是基于面板数据模型既建立了时间序列的数据，又建立了横截面的数据，对碳排放水平影响因素方面的分析更广、更深，因此选择面板数据模型来分析。

第四节　主要研究内容与研究方法

一　研究内容

本研究首先以能源和低碳经济的研究背景和意义为出发点，描述了当前气候严峻的形势，我国能源消费强度、能源消费结构和技术创新的主要特征，通过面板数据模型建立了影响我国各地区的我国二氧化碳排放量的因素模型，并通过收集2005—2010年的相关数据和信息，具体分析了能源消费强度、能源消费结构和技术创新对我国二氧化碳排放总量的影响情况，结果表明，我国近年来的碳排放总量增高的原因是我国能源消费总量迅猛增长，能源消费结构的改善和技术创新的投入可以在很大程度上降低由于经济增长带来的碳排放。该研究表明，降低能源消费强度、调整能源消费结构以及加大技术创新力度是降低碳排放量的必然选择。明确了碳减排的三种途径之后，针对三方面的努力采取了相应具体措施。考虑到碳减排的措施选择是一项多种输入和多种输出的决策规划行为，借助于数据包络分析（DEA）法，比较分析了我国2010年各地区碳减排投入产出的效率，并针对低效率的地区，参照高效率地区的投入指标，进行了各项资源的有效调整和合理配置，以期为我国发展低碳经济提供指导。结果表明，我国各地区的碳减排效率存在地域差异，技术效率较高的地区达到了“投入少产出多”的经济效应，而技术效率较低的地区出现了投入冗余、产出不足的现象，在模型分析的过程中，通过参照效率较高的地区的投入产出进行调整，以使其达到较为理想的状态。该研究表明，中国碳减排效率有待大幅提高，全国上下共同加入到碳减排的队列中来迫在眉睫。最后，文章根据实证分析的结果，总结国外发展低碳经济的经验，并结合我国的实际情况，就如何实行碳减排举措提出了相应的对策建议。

二　研究方法

本研究主要采用定量为主、定性为辅，两者相互结合的研究方法。在系统地梳理国内外关于碳排放水平影响因素的研究后，采用统计性描述的研究方法定性地剖析了近年来我国碳排放水平及其影响因素的结构特征和发展现状。在此基础上，基于我国推崇低碳经济的背景，采用“多元回归模型”和“面板数据模型”相结合的方法，即“面板数据多元回归模型”，定量地明确了影响我国碳排放的三个主要因素及相互关系，并测算出了碳排放总量的回归公式，然后在三个影响因素的指导下，通过建立碳减排的投入指标和产出指标，采用数据包络分析对我国各地区的碳减排效率进行了系统的评估。最后，为我国的碳减排任务提出了相应的对策建议。

第五节　技术路线和创新之处

一　技术路线

依据上述主要研究内容，本研究的结构框架大致遵循以下技术路线，如图 1 -1 所示。

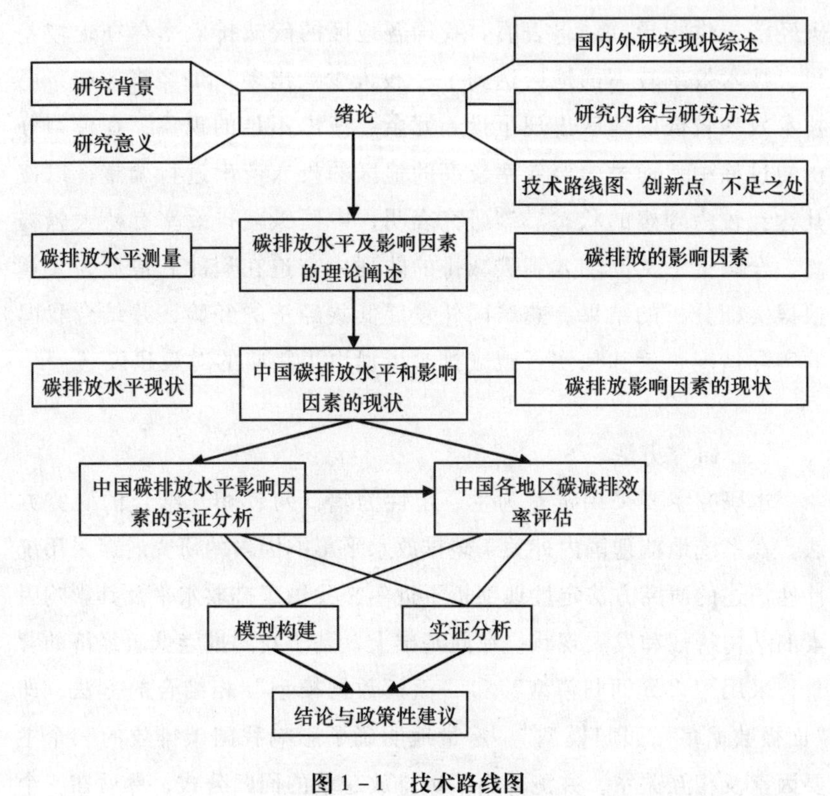

图 1－1　技术路线图

二　创新点

关于能源消费强度、能源消费结构、技术创新等和碳排放之间相互关系的研究有很多，相比之下，本研究的创新表现在两个方面。

第一，鉴于研究的研究序列具有时间效应和空间效应，所以采用面板数据模型进行多元回归分析，这种回归模型克服了简单的多元回归模型所欠缺的时间序列上的数据的回归分析，选取了 30 个地区作为面板数据的横截面，对 2005—2010 年作为面板数据的时间序列进行了综合分析。得出的结论更加准确，更有说服力。在选取模型指标时，只选取了影响碳排放水平的三个主要因素，剔除了无法衡量的因素对有效自变量的影响和对分析结果的干扰，因为综观前人的研究可以发现，影响碳排放水平的因素多种多样，其中尤以能源消费强度、能源消费结构和技术创新最为显著，因此其实证结果更加确认了三者跟碳排放的关系，也让研究结果更加真实、准确和更具说服力。

第二，不只是确定了碳排放的三个主要影响因素与碳排放之间的关系，还在此基础上（在二者对碳排放的作用的指导下）提出了碳减排的评估体系，然后选取四个投入指标和产出指标，运用数据包络分析对我国各地区的碳减排效率进行了综合评价，通过对比和调整，提出了提高碳减排效率的具体措施。这样的分析结果更具针对性和借鉴价值，也更能让节能减排的效率提高。

三　不足之处

在现有研究的基础上，本研究选取了我国 30 个地区作为研究对象，用面板回归模型实证方法探讨了中国能源消费强度、能源消费结构和技术创新与碳排放之间的关系，并用数据包络分析评估了我国 30 个地区的碳减排效率，为我国如何应对全球气候变化的挑战提供了可行性的政策建议。由于选用的数据时间跨度较局限，仅有 2005—2010 年六年间的相关数据，研究的深度还不够。随着样本期间的扩大和样本容量的扩大，实证结果将会更加准确，更具有说服力；由于影响碳排放的因素非常复杂，如消费偏好、资源环境状况、技术水平和制度保证等，因此，对于碳排放问题必须进行更加深入的研究。

第二章　碳排放水平及影响因素的理论分析

碳排放总量是一个总量的概念，它是指一个国家或者地区在单位时间内（通常采用一年）所排放的二氧化碳的总量，涉及的范围甚广，包括化石能源的燃烧、工业生产以及人类活动等过程直接和间接的碳排放总量。它的计算方法是根据各种能源消费的总量乘以含碳能源各自的碳排放系数，再进行求和得到的。本章首先对碳排放的测算和面板数据模型进行实证方法介绍，然后简单介绍数据指标的选择依据和数据来源，为下面的实证检验做好充分的准备。

第一节　碳排放测算方法

对于碳排放总量的数据，目前我国统计机构没有公布二氧化碳排放数据，但是通过间接的方法可以估计出碳排放，只要知道各种能源的消费总量及各种能源的碳排放系数即可。我们目前采用的计算二氧化碳的碳排放系数主要包括四类：一是美国能源部/能源情报局（DOE/IEA）的碳排放系数；二是美国橡树岭实验室的 Gregg Marland 二氧化碳信息分析中心公布的碳排放系数；三是世界银行发行的《世界发展指标》中公布的碳排放系数；四是政府间气候变化专门委员会（IPCC）公布的碳排放系数。然而，世界上不同的研究部门给出的能源的碳含量的数值是不同的（见表 2－1）。对比发现，不同部门给出的数据有细微的差距，主要是由于计算碳含量

的公式为 $EF_i = CX_i \times CO_i \times CL_i$，其中：$EF_i$ 表示第 i 类能源的单位标准煤的碳含量（吨碳/标准煤）；CX_i 表示第 i 类能源的单位标准煤的热值（兆焦/标准煤）；CO_i 表示第 i 类能源的单位热值的碳含量（吨碳/兆焦）；CL_i 表示第 i 类能源的氧化率。标准煤迄今尚无国际公认的统一计算标准，同样是标准煤，中国按一标准煤等于 29.3MJ（7000kcal）计算，而英国则是根据用于能源的煤的加权平均热值确定的，为一标准煤等于 25.5MJ（6100kcal）计算，造成了一定的数值差别。另外，每类能源包含的种类各异，不同种类产生的数值也不同，每个国家拥有的能源享赋也各异，如此多的差别，导致碳排放系数存在些许差异。

由于中国最主要的能源是煤、石油和天然气，只要估算出这三种能源的碳排放系数，再结合能源消耗统计数据，即可对中国各地区/细分行业的碳排放进行估算。借鉴谭丹、黄贤金（2008）的估算方法，本章采用的直接碳排放估算公式（2－1）：

$$DTC_i = \sigma_c V_c + \sigma_o V_o + \sigma_q V_q \tag{2-1}$$

其中：DTC_i 表示 i 地区/行业的直接碳排放；V_c、V_o、V_q 分别表示 i 地区/行业的生产过程中煤类、石油类和天然气类能源的消费量；σ_c、σ_o、σ_q 分别表示煤类、石油类和天然气类能源的碳排放系数。

在各类能源消耗的碳排放系数确定中，煤炭的碳排放系数是由有效氧化分数乘以每吨标准煤的含碳率计算得到的，石油和天然气的碳排放系数是在碳排放系数的基础上再乘以一个倍数。尽管不同的研究部门对这些能源的碳排放系数的测算往往是不同的，但是其中数据相差并不太大，本章选取关于基础能源碳排放系数的平均值（即煤炭、石油和天然气的碳排放系数分别为 0.739、0.563 和 0.428），应用公式（2－1）对碳排放进行测算。不同机构的碳排放系数的测算详细数据，见表 2－1。

表 2-1　不同研究部门测算各类能源消耗的碳排放系数

单位：吨碳/标准煤

研究部门	各类能源消耗的碳排放系数			
	煤炭消耗碳排放系数	石油消耗碳排放系数	天然气消耗碳排放系数	非化石能源
美国能源部/能源情报局（DOE/IEA）	0.702	0.478	0.389	0
日本能源经济研究所	0.756	0.586	0.449	0
中国科委气候变化项目课题组	0.726	0.583	0.409	0
国家发改委能源研究所	0.748	0.583	0.444	0
政府间气候变化专门委员会（IPCC）	0.7619	0.5862	0.4484	0
平均值	0.739	0.563	0.428	0

在实际计算碳排放的过程中，如果数据没有细分到煤炭、石油、天然气三种能源，则将三种能源全部转化为标准煤来进行计算，按公式（2-2）进行碳排放系数的计算：

$$C_{bc} = \left(\frac{1}{C_c}\sigma_c + \frac{1}{C_o}\sigma_o + \frac{1}{C_q}\sigma_q\right) / \left(\frac{1}{C_c} + \frac{1}{C_o} + \frac{1}{C_q}\right) \tag{2-2}$$

其中：C_{bc} 表示标准煤的碳排放折算系数；C_c、C_o、C_q 分别表示煤炭、石油、天然气折成标准煤的系数；σ_c、σ_o、σ_q 分别表示煤炭类、石油类和天然气类能源的碳排放系数。参照中国能源统计年鉴 2008 年公布的相关数据，C_c、C_o、C_q.的值分别取 0.7143、1.4286、1.33。如公式（2-3）进行的碳排放测算：

$$DTC_i = C_{bc}V_i \tag{2-3}$$

其中：DTC_i 表示 i 地区/行业的碳排放总量；C_{bc} 表示标准煤的碳

排放折算系数；V_i 表示 i 地区/行业的生产过程中能源消耗总量。

碳排放水平是一个对碳排放量的笼统概念，仅仅依靠某一个指标来说明一个国家或地区的碳排放水平还不够全面和具体，所以本章分别从碳排放总量、人均碳排放量及碳排放强度三个方面来概括和描述。

第二节　碳排放水平影响因素的理论分析

各项研究结果表明，碳排放水平的影响因素众多，包括能源消费结构、能源消费强度、经济发展水平、人口规模、产业结构等，然而碳排放水平的变化并不是某一个因素单独作用的结果，而是各方面因素共同作用的结果。本节选取了其中的能源消费强度、能源消费结构以及技术创新三个影响因素来进行理论分析与实证研究。

一　能源消费强度

能源消费强度是指一个国家每单位国内生产总值（GDP）所消耗的能源总量，即能源消费总量与 GDP 之比。该指标直接反映了一个国家的能源利用效率，因此能源消费强度也叫能源利用效率，能源消费强度越高，能源利用效率越低；反之，则能源利用效率越高。根据能源消费强度的定义，在 GDP 产出一定的情况下，能源消费强度越高，表明能源消费总量越大，从而与其对应的碳排放量也越大，因此，我们认为能源消费强度也是影响碳排放水平的重要因素之一。

我国的能源消费强度在改革开放以来一直呈现下降趋势。1978—2005 年这 27 年来，我国的能源消费强度经历了三个阶段，由 1978 年的 15.7 吨标准煤/万元 GDP 逐步下降到 1989 年的 5.7 吨标准煤/万元 GDP，再到 2005 年的 1.2 吨标准煤/万元 GDP。27 年的能源消费强度持续下降现象吸引了很多专家学者前来研究。国内许多学者做了探索，得出的结论都显示能源效率的提高和改进是我国能源消费增长速度得以减缓甚至下降的主要原因。学者史丹从结构变化、对外开放和市场化程度三个方面对提高能源效率进行了合理解释；赵丽霞和魏巍贤研究分析了能源消费与经济增长二者的关系；陈书通、耿志成等认为能源消费强度下降的原因是节能效率的贡献率远远大于能源消费增长的贡献率，并从产品结构、经济结构等方面对此结论进行了验证和解释。另外，农业、工业和服务业也对能源强度的降低做了很大的贡献。直到2000 年开始，经济逐渐复苏，国内能源消费恢复增长，尤其到2002 年能源消费进入了快速阶段，能源消费量猛增，煤炭、石油、天然气、电力等能源供应不足，但是并没有限制能源消费的继续攀高。在我国的主要能源中，石油的消费有明显的增多，煤炭、天然气、水电的消费较稳定，可是随着经济的迅猛发展，能源消费的总量只增不减，想要响应国际节能减排公约的号召，实属困难。如何降低能源消费强度，协调经济、能源与环境的和谐发展是目前国民经济亟须解决的重大问题之一。中国作为能源消费大国，其能源进口已经开始影响全球能源市场的价格和结构，在供不应求的能源市场上，国际能源价格普遍升高，导致能源市场能源消费者和销售者形成激烈的能源竞争。

二　能源消费结构

能源是指提供可用能量的资源，能源资源按其形态特征或转换和利用的层次，可以分为一次能源和二次能源、可再生能源和不可再生能源、常规能源和新能源等。把从自然界直接获取的未经任何改变或转换的能源称为一次能源，如河流、海洋中流动的水能，开采出的天然气、原煤、天然铀矿、原油以及生物质能、地热能、太阳能、潮汐能等；一次能源经过加工转换得到的能源称为二次能源，如电力、蒸汽等。一次能源依据是其是否循环使用并不断得到补充，又可分为可再生能源和不可再生能源。用后又能复生的能源称为可再生能源，包括水能、风能、太阳能、生物质能等；而原煤、原油、天然气等化石能源（又称化石燃料）是不能再生的，称为不可再生能源或非可再生能源。一般又将石油、天然气、煤炭等化石能源称为常规能源。相对常规能源来说，利用新材料或新技术而获得的新的其他形式的能源，称为新能源。一般而言，新能源属于可再生能源，主要包括风能、太阳能、地热能、海洋能等（见表2-2）。

表2-2　　　　　　　　　　能源分类

	一次能源		二次能源
	可再生能源	非可再生能源	
常规能源	水能、生物质能	煤炭、石油、天然气	电力、蒸汽、煤气、酒精、汽油、柴油、焦炭、沼气、氢气、甲烷
新能源	太阳能、风能、地热能、潮汐能	核能	太阳能电池、核电、风电等

三　技术创新

技术创新概念始于西方，马克思和熊彼特当数最早最经典的论述。马克思没有明确提出技术创新的概念，而是从技术创新的过程进行深入论述，在企业技术创新的动机和效果、技术创新的过程和机制、技术创新的社会条件、技术创新中企业家和经理阶层的作用四个方面的研究都有所建树。美籍奥地利经济学家 Jeseph Schumpeter（约瑟夫·熊彼特）于1912年在其著作《经济发展理论》中，首次提出了"创新"的概念，定义为：把一种从未出现过的关于生产要素的"新组合"引入生产体系，目的在于获取潜在的超额利润。熊彼特的研究从总体上将创新类型分为五类：引入一种新的产品或提供一种产品的新质量；采用一种新的生产方法；获得一种原料或半成品的新的供给来源；采取一种新的企业组织形式；开辟一个新的市场。

通过比较国内外技术创新领域中有关技术创新的定义，对学术界设定的技术创新指标进行了概括，其内容主要包含人员类、经费类和设备类的投入（见表2-3）。

表 2-3　　**技术创新能力衡量指标体系**

技术创新模块	技术创新要素	技术创新具体指标
技术创新基础	创新资源水平	新产品开发经费投入强度
		自筹技术开发经费占销售收入比率
		专利批准数
		拥有科技项目企业所占比率
		技术开发人员占从业人员数比率
	创新技术能力	工程技术人员占从业人员数比率
		R&D 经费投入强度
		成果获奖指数
		建立内部网的企业比率
		产学研合作开发度
		生产设备中微电子控制设备比率

本研究作为技术创新的一个分支，主要研究的是低碳技术创新，对于其定义的界定目前尚未统一，低碳技术只是一种技术范式，范围也无明确规定。国际能源署（IEA）将低碳技术分为九类，分别为：太阳能；风能；生物能源；智能电网；高效与低排放煤技术；建筑与工业节能；先进交通工具；碳捕捉与储存；其他能源。美国研究学者 Pacala 等将低碳技术分为五类，分别为：可再生能源；能效提升；燃料替换及碳集存；核电；林地固碳。世界自然基金会、全球能源技术战略计划及美国气候变化技术计划等也对低碳技术做了不同分类。借鉴不同组织的低碳技术范畴，本章将低碳技术分为三类，分别为：节能技术；碳隔离技术；能源替代技术（见表 2-4）。

不管是节能技术、碳隔离技术还是能源替代技术，都离不开人力、物力、财力三方面的投资，在技术创新能力指标体系的指导下，将低碳技术创新能力量化，选取 R&D 经费投入强度（A25）作为技术创新的衡量指标，为下文实证分析做好铺垫。

表2-4　　不同类型低碳技术的内涵与关键领域

低碳技术类型	低碳技术内涵	低碳技术关键领域
节能技术	需求方的终端能源使用效率提升技术及节能管理技术；供应方的能源生产、加工转换和运输中的能源效率提升技术	超时空能源利用技术、超燃料系统技术、高效发光技术、高效火力发电技术、建筑节能技术、热电联供技术、智能电网技术、先进能源管理技术、垃圾填埋气发电技术
碳隔离技术	碳捕集与封存技术（CCS），包括生物固碳、物理固碳	CCS生物质发电、生物固碳技术、煤气化联合循环发电技术、燃煤电站CCS技术改造
能源替代技术	非化石燃料代替化石燃料、低碳排放化石燃料代替高碳排放化石燃料	地热供暖与发电技术、生物燃料与氢燃料技术、先进核能技术、高效光伏发电技术、大型风力发电技术

第三章　中国碳排放水平的区域差异及影响因素

第一节　中国碳排放水平的现状

依据上章介绍的碳排放测算方法，对中国 30 个地区（西藏自治区的数据暂缺，故除外）的碳排放进行测算，由于 2012 年《国家统计年鉴》的数据更新滞后和不完善，相关指标难以量化，而且“十一五”节能减排任务是以 2005 年的能源和碳排放作为基准实施的，所以本章拟用各地区 2005—2010 年六年的能源消费总量来测算各地区的碳排放量，通过数据代入和公式运算，得到中国各省份的碳排放总量数据并且据此画出碳排放数据的折线图，对中国碳排放结构和现状进行描述性分析。

一　碳排放数据的测算

根据公式（2－2）$C_{bc} = \left(\frac{1}{C_c}\sigma_c + \frac{1}{C_o}\sigma_o + \frac{1}{C_q}\sigma_q\right) / \left(\frac{1}{C_c} + \frac{1}{C_o} + \frac{1}{C_q}\right)$ 计算出 $C_{bc} = (0.739/0.7143 + 0.563/1.4268 + 0.428/1.33) / (1/0.7143 + 1/1.4286 + 1/1.33)$，即标准煤的碳排放折算系数为 0.6138，结合《2012 年国家能源统计年鉴》中公布的各省份 2000—2009 年能源消费总量数据，代入公式（2－3）测算出中国各省份的碳排放总量，继而根据《2012 年国家统计局》相关统计数据计算出各省份历年人均碳排放量以及碳排放强度。结果见附表 1～附表 3。

根据附表1～附表3的数据，绘制出2005—2010年全国碳排放总量（见图3－1）、30个地区人均碳排量（见图3－2）、30个地区碳排放强度（见图3－3）。

二　描述性分析

如图3－1所示，随着中国经济的快速发展，全国碳排放总量由2005年的16.2133亿吨标准煤缓慢增长到2010年的28.7227亿吨标准煤。前四年其增长幅度具有明显的递减趋势，第五年的排放总量较前四年而言增长幅度较大，证明2009—2010年期间经济发展较为迅速，第二产业所创收的国内生产总值所消耗的能源较多，同时引起的碳排放增多，“十一五”节能减排的指标未落到实处，有待进一步努力。从长期的发展趋势来看，中国正处于工业发展的兴旺期，势必会引起能源消耗急剧上升，碳排放量最终能否控制在允许排放范围内仍是未知数。

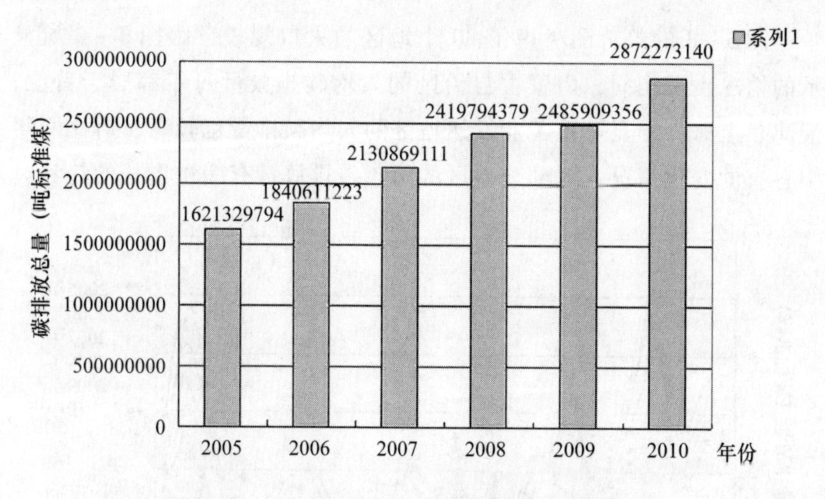

图3－1　2005—2010年全国碳排放总量对比图

图3－2显示的是全国六年中碳排放总量的变化趋势。从图3－2可以看出，历年山东省的碳排放总量均位居榜首，河北省、山西省和江苏省也均高于其他省份，经济的迅猛发展带动了工业能源的快速消

耗，每个地区的碳排放总量也逐年攀高，而海南省碳排放总量全国最低，这也验证了海南省的经济来源主要为旅游业和农业，重工业不是很发达，其能耗量较小、碳排放量少的事实。

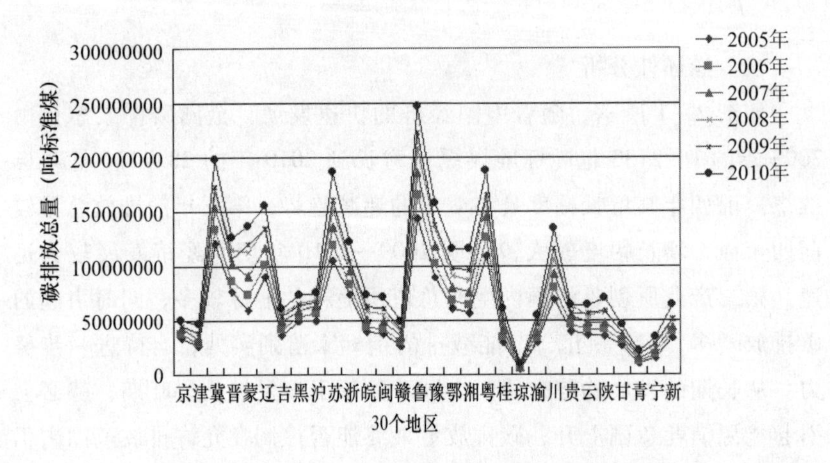

图 3－2　2005—2010 年各地区碳排放总量对比图

图 3－3 的趋势图考虑了 30 个地区的人口规模，跟图 3－2 所显示的情况大不相同，内蒙古自治区的人均碳排放量每年都居于首位，天津、上海、宁夏等重工业发达地区的人均碳排量也较高。对比六年中各省的变化情况，大部分地区的历年碳排放量有缓慢增长的趋势。

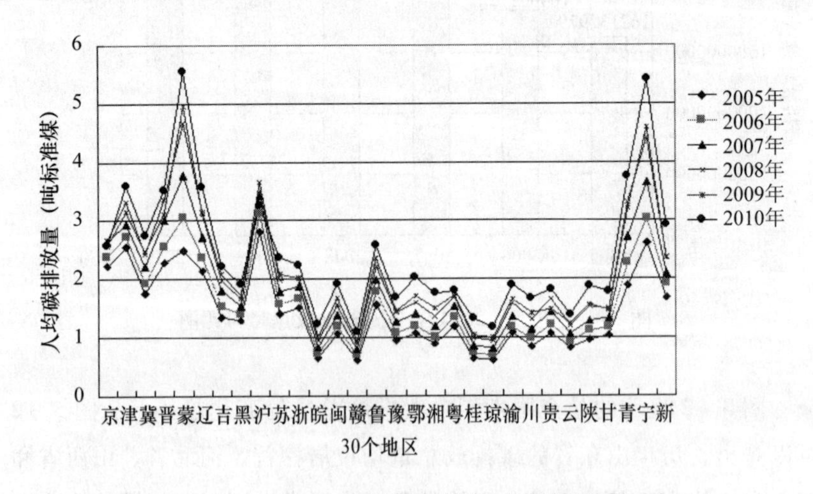

图 3－3　2005—2010 年各地区人均碳排量对比图

图 3－4 考虑了各地区的生产总值，所显示的是各地区的碳排放强度情况，即各地区的碳排放总量与各地区生产总值的比值，其变化趋势与图 3－2、图 3－3 也截然不同，其中宁夏回族自治区的碳排放强度最大，山西省、贵州省较其他省份也偏高，广东省、江浙沪以及北京等发达地区碳排放强度则很低，足以说明发达地区在全面推进经济发展的同时也做到了减排，基本实现了“低排放高产出”的低碳经济效益。

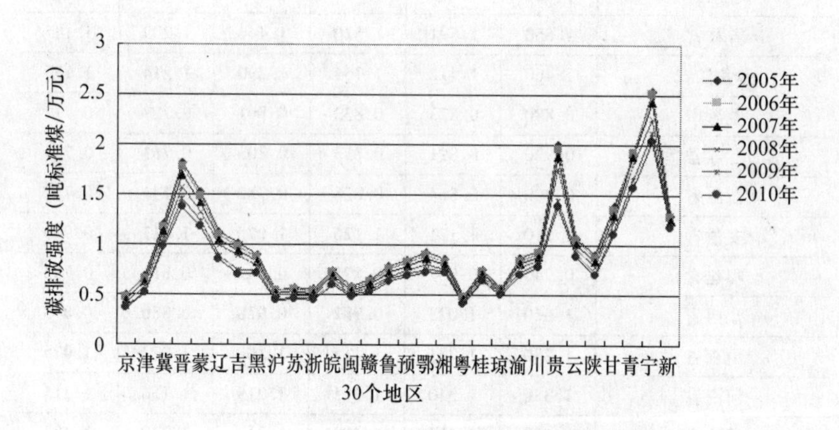

图 3－4　2005—2010 年各地区碳排放强度对比图

第二节　碳排放影响因素现状描述

一　能源消费强度现状描述

根据部门分类的不同，能源消费强度可以分为生产部门能源消费强度（包括第一产业、第二产业、第三产业）和生活部门能源消费强度，本研究是全国30 个地区的能源消费强度，数据来源于《2012年国家统计年鉴》，其值是通过各地区估算的所有能源消费总量比各地区的生产总值所获得的，见表 3－1。

表 3－1　2005—2010 年各地区单位地区生产总值能耗

单位：吨标准煤/万元

单位地区生产总值能耗	2005 年	2006 年	2007 年	2008 年	2009 年	2010 年
北京市	0.800	0.760	0.714	0.662	0.606	0.582
天津市	1.110	1.069	1.016	0.947	0.836	0.826
河北省	1.960	1.895	1.843	1.727	1.640	1.583
山西省	2.950	2.888	2.757	2.554	2.364	2.235
内蒙古自治区	2.480	2.413	2.305	2.159	2.009	1.915
辽宁省	1.830	1.775	1.704	1.617	1.439	1.380
吉林省	1.650	1.591	1.520	1.444	1.209	1.145
黑龙江省	1.460	1.412	1.354	1.290	1.214	1.156
上海市	0.880	0.873	0.833	0.801	0.727	0.712
江苏省	0.920	0.891	0.853	0.803	0.761	0.734
浙江省	0.900	0.864	0.828	0.782	0.741	0.717
安徽省	1.210	1.171	1.126	1.075	1.017	0.969
福建省	0.940	0.907	0.875	0.843	0.811	0.783
江西省	1.060	1.023	0.982	0.928	0.880	0.845
山东省	1.280	1.231	1.175	1.100	1.072	1.025
河南省	1.380	1.340	1.285	1.219	1.156	1.115
湖北省	1.510	1.462	1.403	1.314	1.230	1.183
湖南省	1.400	1.352	1.313	1.225	1.202	1.170
广东省	0.790	0.771	0.747	0.715	0.684	0.664
广西壮族自治区	1.220	1.191	1.152	1.106	1.057	1.036
海南省	0.920	0.905	0.898	0.875	0.850	0.808
重庆市	1.420	1.371	1.333	1.267	1.181	1.127
四川省	1.530	1.498	1.432	1.381	1.338	1.275
贵州省	3.250	3.188	3.062	2.875	2.348	2.248
云南省	1.730	1.708	1.641	1.562	1.495	1.438
陕西省	1.480	1.426	1.361	1.281	1.172	1.129
甘肃省	2.260	2.199	2.109	2.013	1.864	1.801
青海省	3.070	3.121	3.063	2.935	2.689	2.550
宁夏回族自治区	4.140	4.099	3.954	3.686	3.454	3.308
新疆维吾尔自治区	2.110	2.092	2.027	1.963	1.934	1.908

根据表 3－1，绘制各地区趋势图，如图 3－5 所示：

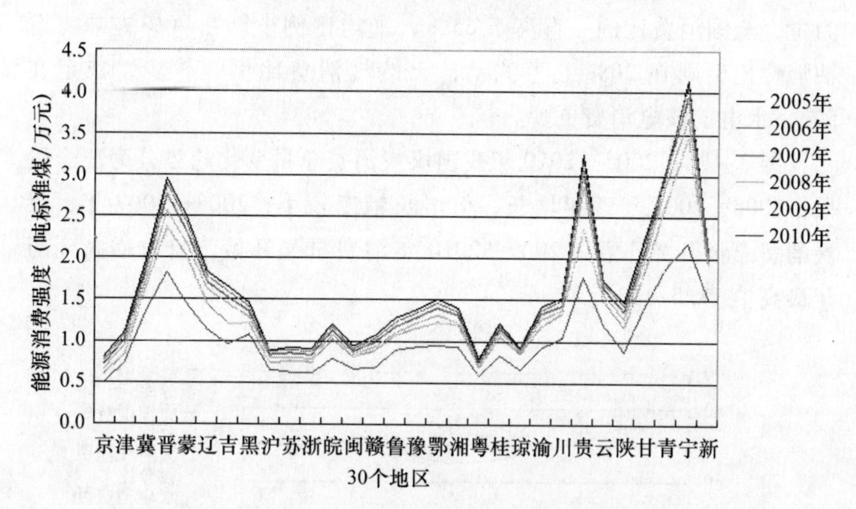

图 3－5　2005—2010 年各地区能源消费强度对比图

能源消费强度又称能源利用效率，图 3－5 中各地区历年能源消费强度的趋势和图 3－4 相同，因为其对比值都是各地区的生产总值，其中宁夏回族自治区的能源消费强度最大，山西省、贵州省较其他省份也偏高，广东省、江浙沪以及北京等发达地区能源消费强度则很低，足以说明发达地区在全面推进经济发展的同时也做到了节能，基本实现了“低能耗高产出”的低碳经济效益。综合图 3－4、图 3－5，其指导意义就是要通过节能减排，寻求一条“低能耗低排放高产出”之道。

二　能源消费结构现状描述

通常把含碳能源如煤炭、石油、天然气等在一次能源消费中的比例称为能源消费结构。各种能源的不合理消费是引起二氧化碳排放量猛增的主要原因。我国的能源消费结构主要以煤炭消费为主，以石油和天然气消费为辅，固然导致含碳量较高的煤炭成为能源消费释放二氧化碳的主谋。相关研究表明，中国的煤炭消费比例达到 70% 以上，经济的增长只会让这种态势持续蔓延，若不及时调整能源消费结构，后果不堪设想。所以，我们认为能源消费结构是影响碳排放水平的重要因素。

如图 3 -6 所示，我国从 1990 年至 2008 年能源消费以煤炭消费为主，全国消费比例一直高于 65%，平均比例徘徊在 70% 左右。石油消费比例则在 20% 上下波动，天然气消费比例也较少，稳定在 5%，水电、核电消费更少。

图 3 -7 中 2005—2010 年我国煤炭消费总量变化趋势分为三个阶段：2005—2008 年逐年增长，但增长幅度较小；2008—2009 年，煤炭消费总量开始下滑；2009—2010 年消费量又开始上升，增高到历年最高值 11. 51312 亿吨。

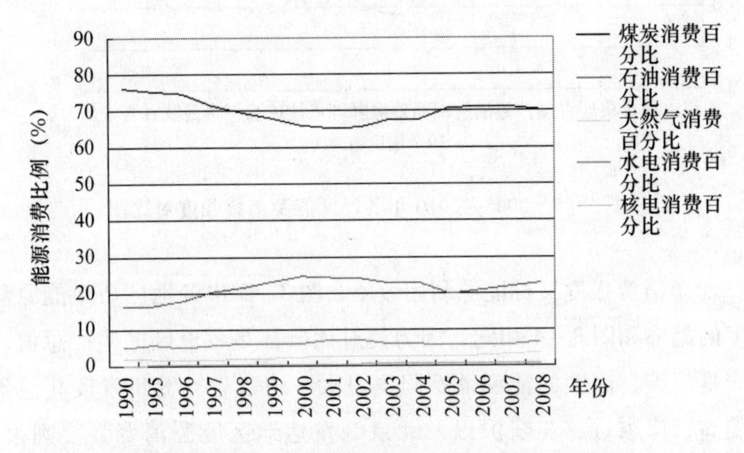

图 3 -6　1990—2008 年中国各地区能源消费比例

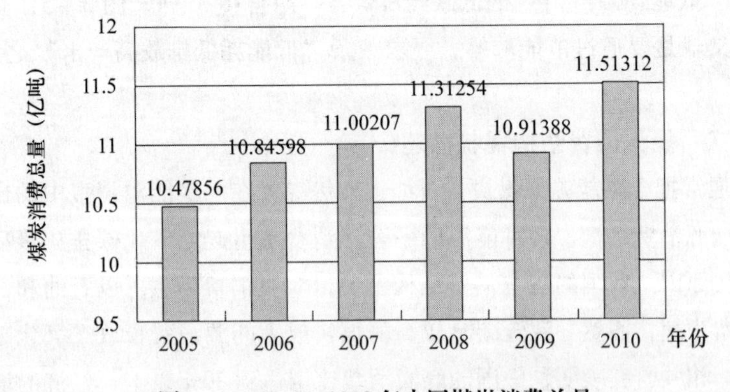

图 3 -7　2005—2010 年中国煤炭消费总量

我国不同区域的能源状况的不同，以及经济发展水平的差异，导致地区能源消费结构存在着些许差异，但是保持以煤为主、煤炭和石油、高效优质的能源消费结构。我国部分省份能源消费以煤炭为主，煤炭消费所占比例超过总能源的4/5，如河北、山东、河南、湖北等，某些省份煤炭消费比重甚至超过总能源的9/10，如内蒙古、山西、贵州、广西、安徽和云南等。

本研究的30个地区，按地理位置可划分为七大区域（见图3－8），分别为华北地区（北京、天津、河北、内蒙古、山西）、东北三省（黑龙江、吉林、辽宁）、华东地区（山东、安徽、江苏、上海、浙江、江西、福建）、华中地区（河南、湖北、湖南）、华南地区（广西、广东、海南）、西南地区（四川、云南、贵州、重庆）、西北地区（陕西、甘肃、宁夏、新疆、青海），每个地区的煤炭消费总量的变化趋势均是先增后减再增，整体消费量较为稳定：华东地区居高不下，一直处于领先地位，这跟地区的经济发展情况以及工业发达程度是密不可分的；其次是华北地区，年平均消费量在2亿吨左右；东北、西南地区旗鼓相当，每年消费量均维持在1亿吨以上；华南地区历年消费量最低，且波动较小。

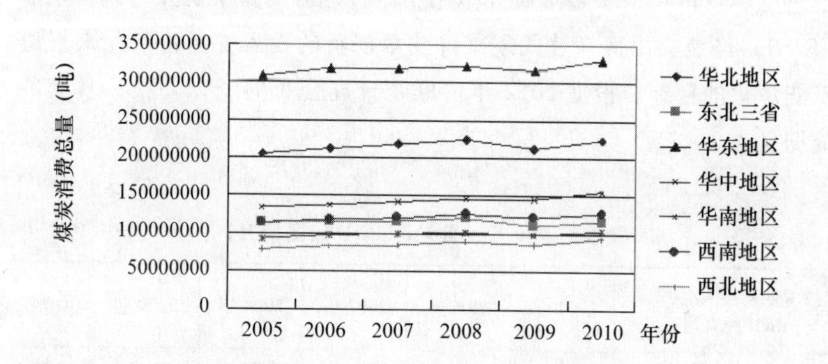

图3－8　2005—2010年中国七大区域煤炭消费总量

就其30个地区而言，如图3－9所示，各省份历年的煤炭消费量较为均衡，波动幅度较小，发展态势稳定。山东省的年均煤炭消费量全国最高，2010年达到最高值0.98781379亿吨，广东、江苏、河北三省消费量也较高，消费量最低的海南省，近六年来几乎没有波动。

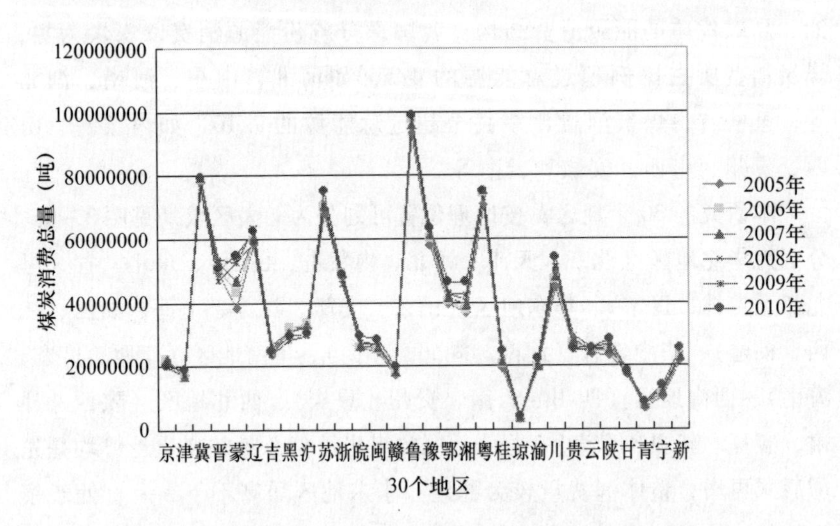

图 3－9　2005—2010 年中国 30 个地区煤炭消费总量

三　技术创新现状描述

前文介绍的技术创新的范畴较为广泛，与碳减排相关的低碳技术创新也难以量化，于是本研究拟用中国各地区的科学研究与试验发展（R&D）经费支出额来替代碳减排技术创新的投入变量，以此来规避不能量化的指标。根据 2012 年国家统计局公布的统计公报，收集的数据见表 3－2：

表 3－2　**技术创新投入（各地区 R&D 经费情况）**　单位：亿元

技术创新投入/各地区 R&D 经费情况	2005 年	2006 年	2007 年	2008 年	2009 年	2010 年
北京市	382.1	433.0	505.4	550.3	668.6351	821.8
天津市	72.6	95.2	114.7	155.7	178.4661	229.6
河北省	58.9	76.7	90.0	109.1	134.8446	155.4
山西省	26.3	36.3	49.3	62.6	80.8563	89.9
内蒙古自治区	11.7	16.5	24.2	33.9	52.0726	63.7
辽宁省	124.7	135.8	165.4	190.1	232.3687	287.5

续表

技术创新投入/各地区R&D经费情况	2005年	2006年	2007年	2008年	2009年	2010年
吉林省	39.3	40.9	50.9	52.8	81.3602	75.8
黑龙江省	48.9	57.0	66.0	86.7	109.1704	123.0
上海市	208.4	258.8	307.5	355.4	423.3774	481.7
江苏省	269.8	346.1	430.2	580.9	701.9529	857.9
浙江省	163.3	224.0	281.6	344.6	398.8367	494.2
安徽省	45.9	59.3	71.8	98.3	135.9535	163.7
福建省	53.6	67.4	82.2	101.9	135.3819	170.9
江西省	28.5	37.8	48.8	63.1	75.8936	87.2
山东省	195.1	234.1	312.3	433.7	519.5920	672.0
河南省	55.6	79.8	101.1	122.3	174.7599	211.2
湖北省	75.0	94.4	111.3	149.0	213.4490	264.1
湖南省	44.5	53.6	73.6	112.7	153.4995	186.6
广东省	243.8	313.0	404.3	502.6	652.9820	808.7
广西壮族自治区	14.6	18.2	22.0	32.8	47.2028	62.9
海南省	1.6	2.1	2.6	3.3	5.7806	7.0
重庆市	32.0	36.9	47	60.2	79.4599	100.3
四川省	96.6	107.8	139.1	160.3	214.4590	264.3
贵州省	11.0	14.5	13.7	18.9	26.4134	30.0
云南省	21.3	20.9	25.9	31.0	37.2304	44.2
陕西省	92.4	101.4	121.7	143.3	189.5063	217.5
甘肃省	19.6	24.0	25.7	31.8	37.2612	41.9
青海省	3.0	3.3	3.8	3.9	7.5938	9.9
宁夏回族自治区	3.2	5.0	7.5	7.5	10.4422	11.5
新疆维吾尔自治区	6.4	8.5	10.0	16.0	21.8043	26.7

2005—2010年中国30个地区科学研究与试验发展（R&D）经费支出情况（见图3－10）。

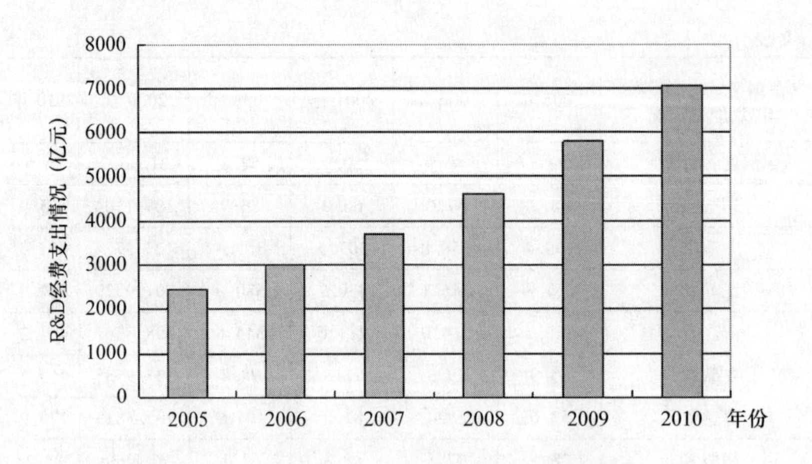

图 3－10　2005—2010 年全国 R&D 经费支出情况

低碳理念已经成为一种全民意识，自从“十一五”计划节能减排指标明确之后，各行各业都在尽心尽力预防和治理环境污染，低碳技术创新作为低碳经济能力的一个投入指标，起到了显著作用，我们以科学研究与试验发展（R&D）经费支出额作为衡量低碳技术创新的定量指标，近六年来的投资情况如图 3－10 所示，全国的技术创新投资额逐年升高，由 2005 年的 2449.7 亿元增长到 2010 年的 7061.1 亿元，可以看出国家以及地方对节能减排越来越重视，投资力度越来越大，力求寻找一条经济、环境、资源三者共同发展的稳定和谐之路。

图 3－11 所显示的是中国七大区域的技术创新投资情况，对比而言，华东地区的投资额最多，由 2005 年的 964.6 亿元增长到 2010 年的 2927.6 亿元，年增长幅度较大，其历年投资总额占全国投资额的 50% 左右。究其原因，还是其经济较为发达，能源消耗量较大，碳排放量较多，导致预防和治理的力度较大，是国家重点关注对象。其他六大区域发展态势较为稳定，跟华东地区比较起来相去甚远。

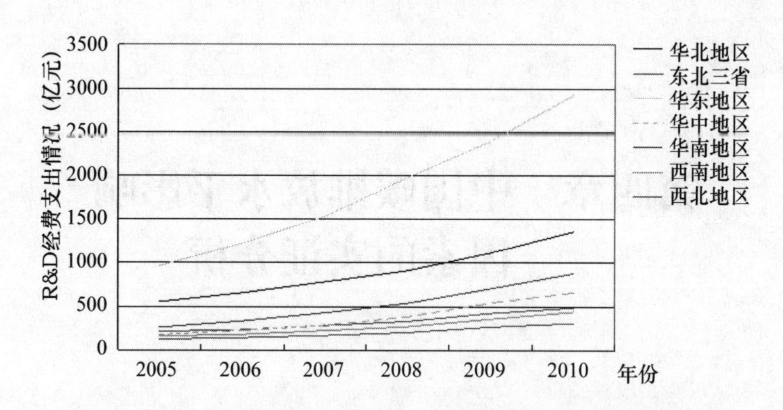

图3－11　2005—2010年中国七大区域R&D经费支出情况

图3－12所示为2005—2010年中国30个地区的技术创新投资情况，江苏省作为国内大省之一，其投资额最高，由2005年的269.8亿元逐年攀高至2010年的857.9亿元，北京、广东、山东等省市也不甘示弱，投资力度颇大。其他各省投资额年年都有增加，可见全国上下对环境保护的重视程度越来越大。

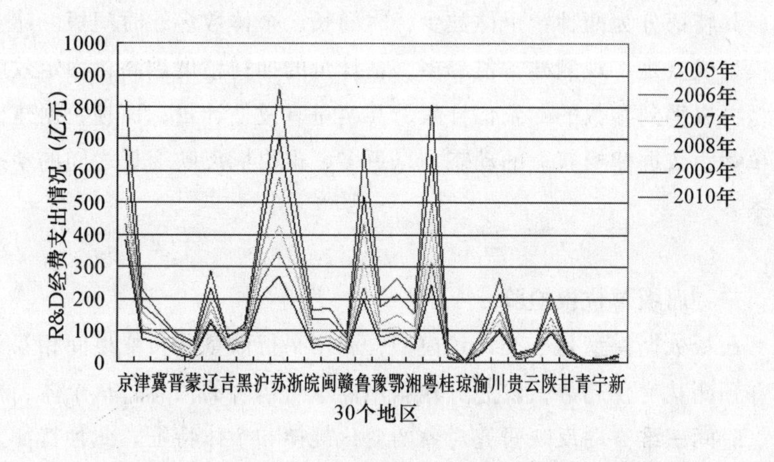

图3－12　2005—2010年中国30个地区R&D经费支出情况

第四章　中国碳排放水平影响因素的实证分析

第一节　面板数据模型的定义

变量按时间排列成的时间序列数据和在固定时间里取得的一个截面数据，均是一维数据，面板数据结合了时间序列和截面数据，是二维的时间序列截面数据或者二维的混合数据。从横截面上看，是由若干个个体在某一时刻形成的截面观测值，从纵剖面上看是一个时间序列，其特征分为两种：个体数少，时间长；个体数多，时间短。建立的模型优点是：观测样本值越多，估计量的抽样精度越高；固定效应模型可以得到参数的一致估计量，甚至是有效估计量；面板数据建模比单截距数据建模获取的动态信息更多，也更能反映变量之间的动态关系。

一　面板单位根检验

面板数据模型是一类计量模型，利用平行数量分析变量间相互关系并预测其变化趋势，较充分地利用样本所包含的信息，从个体、指标、时间三维方向反映研究对象的变化规律和个体特征。此种特征尤其符合本章对中国 30 个地区六年来碳排放水平的回归分析。它克服了简单的多元回归模型不能进行时间序列分析模型的缺点，同时也通过对比不同横截面的值来发现研究对象之间的区别。美国学者 Nelson（尼尔森）与 Plosser（普洛瑟）曾指出，涉及时间序列的变量，大多数宏观经济时间序列非稳定，只有序列平稳了才能进一步对它们进行协整性分析和因果性检验。因此，分析的首要任务，必须对各时间序列数据进行单位根检验。只有通过单位根检验，才可以进行面板协整和面板回归。到目前为止，面板数据的单位根检验主要包括 LLC 检验（Levin-Lin-Chu）、IPS 检验（Im-Pesaran-Shin）、Breitung 检验、Hadri 检验、Maddala 和 Wu 检验（Fisher-ADF 和 Fisher-PP 检验）。本章进行单位根检验所采用的方法分别为：Levin、lin 和 Chu 的 t 统计量；Im、Pesaran 和 Shin 的 w 统计量；Maddala 和 Wu 检验。

面板单位根检验是基于面板数据的一阶自回归［AR（1）］过程：

$$y_{it} = \rho_i y_{i,t-1} + \delta_i x_{it} + \varepsilon_{it}, \ (i = 1,2,\cdots,N, t = 1,2,\cdots,T) \quad (4-1)$$

其中：i 表示截面个体的序号；t 表示时间变量；ρ_i 表示自回归系数；δ_i 表示外生变量的回归系数；x_{it} 表示外生变量向量，包括各个体截面的固定影响和时间趋势；ε_{it} 表示相互独立的异质的扰动项。若 $|\rho_i| < 1$，则称序列 y_{it} 是（弱）平稳过程；若 $|\rho_i| = 1$，则序列 y_{it} 是不平稳过程；若非平稳序列的 d 阶差分是平稳序列，则称此序列为 d 阶单整 I（d）。

为了避免选用一种检验方法所带来的偏差，增强检验结果的平稳性，选用势“power”较高的 IPS 检验、Maddala 和 Wu 检验（Fisher-PP 检验和 Fisher-ADF）三种方法进行面板单位根检验。

二　面板数据的协整检验

Engle（恩格尔）和 Granger（格兰杰）于 20 世纪 80 年代提出了协整概念。基本思想是：尽管每个变量（不少于两个）都是非平稳的，但它们的线性组合有可能相互抵消趋势项的影响，其组合为一个平稳的变量。因此，在确保时间序列数据是同阶单整的前提下，运用 E-G 两步法来检验变量间的协整关系及长期因果关系。

首先，利用静态面板的回归残差来构建统计量：

$$y_{it} = \alpha_i + \beta x_{it} + \varepsilon_{it} \quad (4-2)$$

其中：i 表示截面个体的序号；t 表示时间变量；保证随机项不存

在自相关是滞后阶数选择的原则。

其次，协整回归方程的残差序列的平稳性是协整关系存在的一个重要条件。在进行残差平稳性检验时，如果 ε_{it} 是平稳的，则说明两者之间存在长期协整关系。残差的回归方程如公式（4－3）：

$$\varepsilon_{it} = \rho\varepsilon_{i,t-1} + \sum_{j=1}^{p} \varphi_j \Delta\varepsilon_{i,t-j} + v_{it} \tag{4-3}$$

同样地，对协整残差序列进行面板单位根检验选用势“power”较高的 IPS 检验、Maddala 和 Wu 检验（Fisher-PP 和 Fisher-ADF 检验）三种方法。

三　面板数据的多元回归分析

面板数据经过协整检验后，方可进行回归分析，其一般形式如公式（4－4）：

$$y_{it} = \sum_{k=1}^{K} \beta_{ki} x_{kit} + u_{it} \tag{4-4}$$

其中：$i = 1,2,\cdots,N$，表示 N 个个体；$t = 1,2,\cdots,T$，表示已经的 T 个时点。y_{it} 是被解释变量对个体 i 在 t 时的观测值；x_{kit} 是第 k 个非随机解释变量对于个体 i 在 t 时的观测值；β_{ki} 是待估计的参数；u_{it} 是随机误差项。用矩阵表示为

$$Y_i = X_i \beta_i + U_i，(i = 1,2,\cdots,N) \tag{4-5}$$

其中，

$$\mathrm{Y}_i = \begin{bmatrix} y_{i1} \\ y_{i2} \\ \vdots \\ y_{iT} \end{bmatrix}_{T\times 1}, \mathrm{X_i} = \begin{bmatrix} x_{1i1} & x_{2i1} & \cdots & x_{Ki1} \\ x_{1i2} & x_{2i2} & \cdots & x_{Ki2} \\ \vdots & \vdots & \vdots & \vdots \\ x_{1iT} & x_{2iT} & \cdots & x_{KiT} \end{bmatrix}_{T\times K}, \beta_i = \begin{bmatrix} \beta_{1i} \\ \beta_{2i} \\ \vdots \\ \beta_{Ki} \end{bmatrix}_{K\times 1}, \mathrm{U_i} = \begin{bmatrix} u_{i1} \\ u_{i2} \\ \vdots \\ u_{iT} \end{bmatrix}_{T\times 1}$$

由于面板数据的样本空间在相对于全国而言较大，而且为了排除个体中无法衡量的指标对本研究中涉及的三个指标和因变量的影响，所以选取了较为适合的个体固定效应面板数据模型来进行多元回归分析，它是对于不同的纵剖面时间序列（个体）只有截距项不同的模型：

$$y_{it} = \lambda_i + \sum_{k=2}^{K} \beta_k x_{kit} + u_{it} \tag{4-6}$$

或者表示为矩阵形式，如公式（4-7）：

$$Y = (I_N \otimes \iota_T)\lambda + X\beta + U \tag{4-7}$$

其中：$I_N \otimes \iota_T$ 是 N 阶单位矩阵 I_N 和 T 阶列向量 $\iota_T = [1,1,\cdots,1]'$ 的克罗内克积，

$$\lambda = \begin{bmatrix} \lambda_1 \\ \lambda_2 \\ \vdots \\ \lambda_N \end{bmatrix}_{N\times1}, X_i = \begin{bmatrix} x_{2i1} & x_{3i1} & \cdots & x_{Ki1} \\ x_{2i2} & x_{3i2} & \cdots & x_{Ki2} \\ \vdots & \vdots & \vdots & \vdots \\ x_{2iT} & x_{3iT} & \cdots & x_{KiT} \end{bmatrix}_{T\times(K-1)}, X = \begin{bmatrix} X_1 \\ X_2 \\ \vdots \\ X_N \end{bmatrix}_{NT\times(K-1)}, \beta = \begin{bmatrix} \beta_2 \\ \beta_3 \\ \vdots \\ \beta_K \end{bmatrix}_{(K-1)\times1}$$

第二节　碳排放强度影响因素的实证分析

一　指标选择与模型设定

影响碳排放水平的因素有很多，如能源消费强度（能源利用效率）、能源消费结构、产业结构、经济发展水平、人口规模、技术创新、城市化率等，而衡量碳排放水平的指标包括碳排放总量、碳排放年比增长量、碳排放年比增长率、人均碳排放量、人均碳排放年比增长量、人均碳排放年比增长率、碳排放强度、碳生产率等，在做实证分析时，把中国 30 个地区（西藏自治区能源数据缺失，故除外）作为研究对象做了面板数据的回归分析，这是因为全民施行碳减排运动的时候，各行各业也在全力节能减排。如果了解了中国碳排放大体趋势，那么在确定减排指标和部署减排任务的时候就更具说服力了。所以选取能够显著代表各地区碳排放水平的碳排放年比绝对增长值指标作为因变量，并且假设影响碳排放水平较为显著的三个变量各地区的能源消费强度、各地区的能源消费结构、各地区的技术创新作为自变量。

能源消费强度（ECI）：各地区的能源消费总量与各地区的生产总值之比（吨标准煤/万元）；

能源消费结构（MT）：各地区主要能源煤炭的消费总量（吨）；

技术创新（R&D）：各地区科学研究与试验发展（R&D）经费支

出（亿元）；

碳排放水平（TC）：因为没有直接的量化指标，我们采用的科学估算的方法得出历年各地区的消费总量，然后取年比的绝对增长量作为研究指标（吨标准煤）。

参加回归分析的数据为全国 30 个地区 2005 年至 2010 年的能源消费强度、主要能源煤炭的消费总量、科学研究与试验发展（R&D）投资额和碳排放总量。

在确保时间序列变量同阶单整的情况下，运用 Eviews 6.0 软件对能源消费强度、能源消费结构、技术创新以及碳排放分别进行单位根检验、协整检验和回归分析。首先，构建能源消费强度、能源消费结构、技术创新以及碳排放四个时间序列变量的关系模型［公式（4-8）~公式（4-11）］。其次，对面板模型进行回归得到残差序列 ε_{it}，并对 ε_{it} 进行单位根检验以判断其平稳性。如果 ε_{1it} 是平稳的，则说明经济增长和碳排放之间存在长期协整关系；如果 ε_{2it} 是平稳的，则说明能源消耗和碳排放之间存在长期协整关系；如果 ε_{3it} 是平稳的，则说明经济增长、能源消耗和碳排放三者之间存在长期协整关系。

$$TC_{it} = \alpha_1 + \beta_1 ECI_{it} + \varepsilon_{1it} \tag{4-8}$$

$$TC_{it} = \alpha_2 + \beta_2 MT_{it} + \varepsilon_{2it} \tag{4-9}$$

$$TC_{it} = \alpha_3 + \beta_3 R\&D_{it} + \varepsilon_{3it} \tag{4-10}$$

由此建立的回归模型表达式如下：

$$TC_{it} = \alpha_4 + \beta_{41} ECI_{it} + \beta_{42} MT_{it} + \beta_{43} R\&D_{it} + \Phi_i + \delta_i + \varepsilon_{4it} \tag{4-11}$$

四个式子当中，TC_{it} 为碳排放强度；α 为截距项；ECI、MT、$R\&D$ 均为因变量，分别表示能源消费强度、能源消费结构、技术创新；β 为待估系数；ε 为残差项；Φ_i、δ_i 分别表示地区和时间效应；i 和 t 为区域和年份。

二　数据来源

2005—2010 年，中国 30 个地区能源消费强度数据来自于相应年份的《中国统计年鉴》；中国 30 个地区能源消费结构数据来自于相应年份的《中国统计年鉴》和《中国能源统计年鉴》；中国 30 个地区技术创新数据来自于相应年份的《中国统计年鉴—统计公报》；中国30个地区的碳排放总量则根据相关参考文献的科学测算方式通过数据代入和公式运算得来。

三　实证分析

在进行面板数据单位根检验之前，为了消除变量之间量纲和数量级过大的影响，先使用Eviews 6.0软件对面板数据进行对数处理，然后再进行单位根检验、协整检验和回归分析。

（一）单位根检验

对于普通序列单位根检验来说，ADF检验、DFGLS检验和PP检验三种方法出现得较早，在实际应用中也最为普遍。但对于面板数据而言，为了增强检验结果的稳健性，采用LLC（Levin-Lin-Chu）检验、IPS（Im-Pesaran-Shin Wstat）检验、Fisher-ADF检验、Fisher-PP检验共四种方法来检验面板数据模型变量的稳定性。它们可以对面板数据的不同截面分别进行单位根检验，其最终检验在综合了各个截面检验结果的基础上，构造出统计量，对整个时间序列/截面数据是否含有单位根做出判断。本实证部分检验所用的软件为计量经济学分析软件Eviews 6.0。全国30个地区的面板数据的原序列单位根检验结果见表4－1：

表4－1　　**原序列单位根检验结果**

	LLC		IPS		Fisher-ADF		Fisher-PP	
变量	Statistic	Prob.	Statistic	Prob.	Statistic	Prob.	Statistic	Prob.
TC	－11.0937	0.0000	－3.2916	0.0005	83.7676	0.0231	89.5331	0.0080
ECI	－0.6913	0.2447	5.8970	1.0000	9.1463	1.0000	14.8910	1.0000
MT	－1.6796	0.0465	1.1957	0.8841	56.6709	0.5981	76.4413	0.0747
R&D	－4.3722	0.0000	3.6164	0.9999	31.5035	0.9991	63.0069	0.3704

注：①单位根检验包含个体截距；②零假设为原序列存在一个单位根；③Statistic为统计量，Prob.为伴随概率，即P值。

由表4-1可知，碳排放年水平变量（TC）在LLC检验、IPS检验和Fisher-PP检验的1%的显著性水平下显著，在Fisher-ADF检验的5%的显著性水平下显著；能源消费强度（ECI）在LLC检验、IPS检验、Fisher-ADF检验和Fisher-PP检验下均不显著；能源消费结构，即主要能源煤炭消费量（MT）在LLC检验的5%的显著性水平下显著，在Fisher-PP检验的10%的显著性水平下显著，在IPS检验和Fisher-ADF检验下不显著；技术创新（R&D）在LLC检验的1%的显著性水平下显著，在PS、Fisher-ADF和Fisher-PP检验下均不显著。不显著表明接受原假设，原序列具有相同的单位根，原序列不稳定。反之则表明拒绝原假设，原序列具有不同的单位根，原序列稳定；由此可知，有些变量在几种检验下不显著，表明原序列不平稳。因此，有必要对原序列的一阶差分序列再进行单位根检验，以进一步判断其稳定程度。一阶差分序列单位根检验结果见表4-2：

表4-2　**一阶差分序列单位根检验结果**

变量	LLC		IPS		Fisher-ADF		Fisher-PP	
	Statistic	Prob.	Statistic	Prob.	Statistic	Prob.	Statistic	Prob.
TC	-25.391	0.000	-8.236	0.000	98.280	0.001	119.821	0.000
ECI	-8.221	0.000	-2.066	0.019	68.529	0.021	79.332	0.048
MT	-42.258	0.000	-11.185	0.000	154.778	0.000	172.893	0.000
R&D	-33.512	0.000	-8.766	0.000	127.319	0.000	152.635	0.000

注：①零假设为一阶差分序列存在一个单位根；②单位根检验包含个体截距；③Statistic为统计量，Prob.为伴随概率，即P值。

由表4-2可知，碳排放年水平变量（TC）、能源消费强度（ECI）、能源消费结构即主要能源煤炭消费量（MT）和技术创新（R&D）在LLC检验的1%的显著性水平下均显著；碳排放年水平变量（TC）、能源消费结构即主要能源煤炭消费量（MT）和技术创新（R&D）在IPS检验、Fisher-ADF检验和Fisher-PP检验的1%的显著性水平下均显著，能源消费强度（ECI）在IPS检验、Fisher-ADF检验和 Fisher-PP 检验的 5% 的显著性水平下显著。因此，原序列的一阶差分序列是平稳的，即所有变量为一阶差分平稳变量，变量之间存在协整关系的可能性。

（二）协整检验

变量在满足一阶单整的条件下，通过软件对数据进行协整检验，结果见表 4-3：

表 4-3　**协整检验结果**

Pool unit root test：Summary

Series：TC_ 1，TC_ 2，TC_ 3，TC_ 4，TC_ 5，TC_ 6，TC_ 7，TC_ 8，TC_ 9，TC_ 10，TC_ 11，TC_ 12，TC_ 13，TC_ 14，TC_ 15，TC_ 16，TC_ 17，TC_ 18，TC_ 19，TC_ 20，TC_ 21，TC_ 22，TC_ 23，TC_ 24，TC_ 25，TC_ 26，TC_ 27，TC_ 28，TC_ 29，TC_ 30

Date：10/10/12　Time：18：18

Sample：2005 - 2010

Exogenous variables：Individual effects

Automatic selection of maximum lags

Automatic lag length selection based on SIC：0

and Bartlett kernel

Balanced observations for each test

Method	Statistic	Prob. **	Cross-sections	Obs
Null：Unit root（assumes common unit root process）				
Levin，Lin & Chu t*	-25.3907	0.0000	30	90
Null：Unit root（assumes individual unit root process）				
ADF-Fisher Chi-square	98.2804	0.0013	30	90
PP-Fisher Chi-square	119.8210	0.0000	30	90

** Probabilities for Fisher tests are computed using an asymptotic Chi-square distribution. All other tests assume asymptotic normality.

协整检验的原假设是不存在协整关系，如果置信水平 P 值在

10%、5%、1%的情况下，则拒绝原假设，即存在协整关系，如果P值大于10%，则接受原假设，即不存在协整关系。而表4-2中的结果显示，统计量的置信水平P值在LLC检验、Fisher-ADF检验和Fisher-PP检验下均低于1%，说明该模型碳排放年水平变量（TC）、能源消费强度（ECI）、能源消费结构即主要能源煤炭消费量（MT）和技术创新（R&D）四个变量间存在协整关系，即存在长期均衡关系。

（三）回归分析

面板数据的单位根检验和协整检验表明，在设定线性趋势时，变量序列具有平稳性，同时具有稳定的协整关系，可以进一步对面板数据进行面板回归分析。传统面板数据回归分析的结果见表4-4：

表4-4　**面板数据回归分析结果**

Dependent Variable：TC

Method：Pooled Least Squares

Date：10/10/12　Time：16：32

Sample（adjusted）：2006 2010

Included observations：5 after adjustments

Cross-sections included：30

Total pool（balanced）observations：150

Variable	Coefficient	Std. Error	t-Statistic	Prob.
TC	-11.676390	1.641702	-7.112366	0.0000
ECI	0.089356	0.046910	1.904832	0.0593
MT	0.692296	0.098251	7.046214	0.0000
R&D	-0.059322	0.020952	-2.831388	0.0055

从面板回归结果表4-4可以发现：在全国30个地区的固定效应模型中，能源消费强度（ECI）、能源消费结构，即主要能源煤炭消费量（MT）和技术创新（R&D）均通过了相应的t检验，能源消费结构即主要能源煤炭消费量（MT）和技术创新（R&D）在1%的显

著性水平下显著，能源消费强度（ECI）在10%的显著性水平下显著，表明这三者对全国各地区的碳排放水平（TC）有显著影响。其中能源消费强度（ECI）和土要能源煤炭消费量（MT）与碳排放水平（TC）呈显著正相关，对其有很强的驱动作用，而技术创新（R&D）与碳排放水平（TC）呈显著负相关，对其有抑制作用。

由此可以写出30个地区固定效应模型的表达式，如公式(4－12)：

$$TC_{it} = -11.67639 + 0.08935ECT_{it} + 0.69230MT_{it} - 0.05932R\&D_{it} \tag{4-12}$$

鉴于能源消费强度（ECI）、能源消费结构即主要能源煤炭消费量（MT）和碳排放水平（TC）的正向关系，以及技术创新（R&D）与碳排放水平（TC）的负向关系，本研究将从降低能源消费强度、调整能源消费结构和加大技术创新力度三个方面再逐一做出相应措施，并评估其节能减排的最终效率，以指导全国各地区碳减排工作。

第五章　能源消费对行业碳排放水平的影响

第一节　世界部分国家能源强度情况

自工业革命以来，世界经济快速发展、经济结构不断变化，带动了能源消费总量上升。世界各国能源强度也不尽相同（见表5－1）。

表5－1　　部分国家能源消费和GDP

单位：亿吨标准油当量，10亿美元

国家/地区	项目＼年份	1975	1980	1985	1990	1995	2000	2004	2006
德国	能源消费	3.17	3.60	3.61	3.56	3.42	3.44	3.48	3.48
	GDP	116.70	137.20	145.40	172.20	192.00	212.00	217.90	226.10
法国	能源消费	1.69	1.94	2.06	2.27	2.41	2.58	2.75	2.76
	GDP	86.70	101.60	112.30	131.50	139.80	160.50	170.80	176.30
加拿大	能源消费	1.67	1.93	1.93	2.09	2.31	2.50	2.69	2.77
	GDP	40.40	48.40	55.10	63.40	69.10	84.60	93.20	98.60
美国	能源消费	16.61	18.12	17.81	19.28	20.88	23.04	23.26	23.16
	GDP	427.70	512.80	601.10	705.50	797.30	976.50	1070.40	1141.10
日本	能源消费	3.08	3.47	3.65	4.46	5.02	5.29	5.33	5.28
	GDP	157.70	195.50	227.60	287.70	310.10	325.40	340.50	357.10
意大利	能源消费	1.24	1.32	1.31	1.48	1.61	1.73	1.84	1.83
	GDP	79.90	99.30	108.00	126.00	134.20	147.50	152.30	155.20

续表

国家/地区	项目＼年份	1975	1980	1985	1990	1995	2000	2004	2006
印度	能源消费	2.06	2.40	2.95	3.62	4.36	5.12	5.73	5.66
	GDP	68.70	80.10	104.00	140.60	181.20	240.20	307.80	367.10
中国	能源消费	4.84	5.99	6.94	8.67	10.52	11.23	16.09	19.02
	GDP	55.40	75.90	126.40	184.60	329.10	497.50	711.90	868.50
世界	能源消费	61.22	71.42	76.83	86.10	91.19	99.15	110.26	117.08
	GDP	1987.10	2409.10	2768.60	3319.70	3764.20	4533.00	5236.60	5775.80

从图 5－1 中可以看出欧洲国家的能源强度在近三十年的时间里都保持着相对较低的状态，并呈现出逐年下降的趋势，其中加拿大和美国的能源强度同欧洲国家相比相对较高。中国作为发展中的大国，能源强度在近三十年的时间里快速下降，已经和世界平均水平接近，由 1975 年时远远高于世界平均水平，到 2006 年已经赶超加拿大，和美国能源强度基本一致，说明我国走过了一条十分艰难的道路，生产工艺不断完善，能源利用率不断提高。而同为发展中国家的印度，能源强度一直保持在较低的状态。

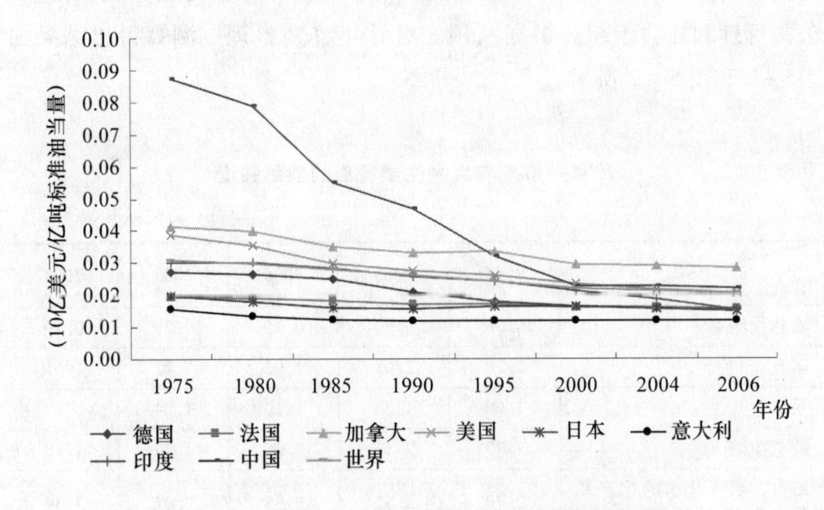

图 5－1　1975—2006 年世界部分国家能源强度走势

第二节　我国分行业能源强度测算

根据上一章的二氧化碳排放因素的分解模型和研究成果可以看出行业能源强度对二氧化碳排放的影响是较大的。所谓行业能源强度就是行业单位产值所需要消耗的标准煤量。行业能源强度测算公式为：

$$M_i = \frac{e_i}{y_i} \qquad (5-1)$$

公式（5－1）中，M_i 表示 i 行业能源强度，其他字母表示意思与上文相同。

本章选取了我国各行业2004—2008年能源消费量和各行业产业增加值的数据作为研究基础数据。同时选取农林牧渔业，工业采矿业，制造业，电力、燃气及水的生产和供应业，建筑业，交通运输、仓储和邮政业，批发和零售业、住宿和餐饮业，生活消费和其他行业九种行业为研究目标行业。其中采矿业，制造业，电力、燃气及水的生产和供应业属于工业；生活消费和其他行业包括金融业，房地产业，租赁和商务服务业，科学研究、技术服务和地质勘查业，水利、环境和公共设施管理业，居民服务和其他服务业，教育，卫生、社会保障和社会福利业，文化、体育和娱乐业，信息传输、计算机服务和软件业，公共管理和社会组织。根据《国家统计年鉴》整理、测算得出结果如表5－2和图5－2所示。

表5－2　　2004—2008年九种主要行业的能源强度

单位：万吨标准煤/亿元

行业 \ 年份	2004	2005	2006	2007	2008
农林牧渔业	0.36	0.36	0.35	0.29	0.19
工业	2.20	2.05	1.92	1.72	1.61
采矿业	1.60	1.28	1.10	1.04	0.87
制造业	2.23	2.12	2.01	1.79	1.68
电力、燃气及水的生产和供应业	2.70	2.52	2.35	2.07	2.49

续表

行业＼年份	2004	2005	2006	2007	2008
建筑业	0.37	0.33	0.30	0.26	0.20
交通运输、仓储和邮政业	1.62	1.56	1.53	1.41	1.40
批发和零售业、住宿和餐饮业	0.30	0.28	0.26	0.23	0.17
生活消费和其他行业	0.74	0.70	0.63	0.52	0.53

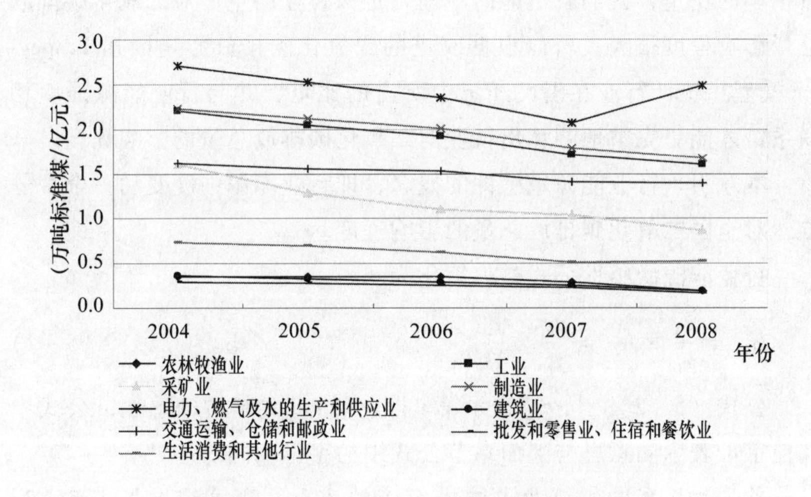

图 5－2　2004—2008 年各行业能源强度走势

根据表 5－2 的数据和图 5－2 显示，可以看出我国各行业间的能源强度存在较大差异。第二产业工业中的电力、燃气及水的生产和供应业和制造业的能源强度较大，之后依次是交通运输、仓储和邮政业，采矿业，生活消费和其他行业，农林牧渔业，建筑业，批发和零售业、住宿和餐饮业。也就是说，电力、燃气及水的生产和供应业和制造业的生产对二氧化碳排放影响较大，批发和零售业住宿和餐饮业的生产对二氧化碳排放影响较小。同时我国各行业的能源强度在 2004—2008 年间基本上呈现出下降的趋势，其中采矿业和制造业的能源强度降幅较为明显，只有电力、燃气及水的生产和供应业的能源强度在 2008 年时有所上升。第三产业中的批发和零售业、住宿和餐饮业与第一产业农林牧渔业则降幅不是很明显。

第三节　行业生产对碳排放量影响程度测算

依据上节测算出的行业能源强度就简单地断定各行业对二氧化碳排放总量的影响程度大小是不很充分、合理的。

例如，一个行业的能源强度很大，但其行业产值在国民经济中只占很小的比重，我们就不能简单地判定该行业的生产对二氧化碳排放总量影响程度很大。所以根据改进的二氧化碳排放影响因素 Laspeyres 模型，统计行业在国民经济中所占的比重，并与行业能源强度相联系，才能更完整地测算出行业对二氧化碳排放总量的影响程度。

本章引入行业能源敏感性的概念，即行业能源强度变动一个百分点，对全国二氧化碳排放总量的影响程度。

行业能源敏感性公式整理简化为：

$$m_{it} = \frac{e_{it}}{y_{it}} \times \alpha_{it} = \frac{e_{it}}{y_{it}} \times \frac{y_{it}}{Y_{it}} \qquad (5-2)$$

公式（5－2）中，m_{it} 表示第 i 行业第 t 年的能源敏感性，公式中其他字母表示的意思与上面章节公式中的字母相同。

首先测算我国各行业占国民经济的比重，测算结果见表 5－3。近年来各行业占国民经济比重变化趋势如图 5－3 所示。

表 5－3　　2004—2008 年主要行业占国民经济比重　　单位：%

行业＼年份	2004	2005	2006	2007	2008
农林牧渔业	13.39	12.12	11.11	10.77	10.73
工业	40.79	41.76	42.21	41.58	41.48
采矿业	4.77	5.58	5.59	5.06	6.25
制造业	32.37	32.51	32.92	32.91	32.65
电力、燃气及水的生产和供应业	3.65	3.67	3.71	3.62	2.58
建筑业	5.44	5.61	5.74	5.75	5.97

续表

行业＼年份	2004	2005	2006	2007	2008
交通运输、仓储和邮政业	5.82	5.77	5.63	5.49	5.21
批发和零售业、住宿和餐饮业	10.08	9.82	9.86	9.96	10.44
生活消费和其他行业	24.48	24.92	25.45	26.43	26.17

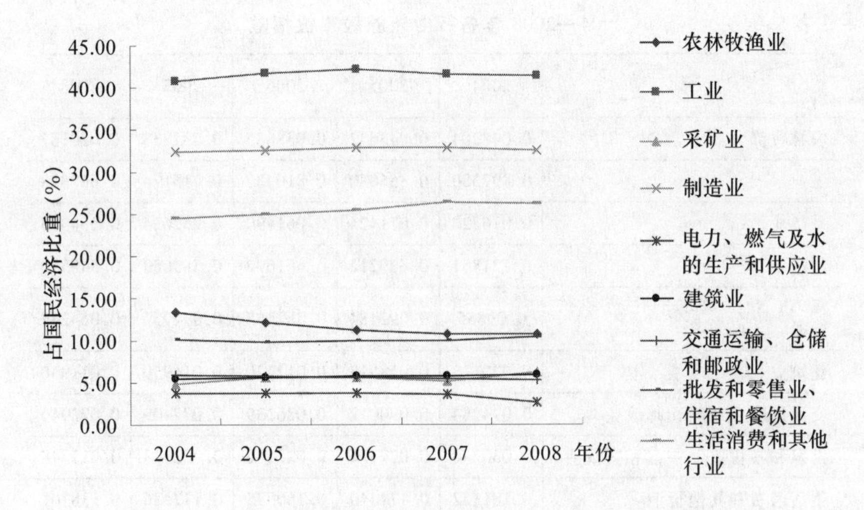

图 5－3　2004—2008 年我国各行业占国民经济比重走势

一个国家的行业结构是指各个行业的产值占全国总产值的比重，它是一个国家经济结构的重要体现。其实行业结构调整是一个动态的过程，而不是一个绝对静态值。

从图 5－3 中可以清楚地看到工业中的制造业在我国国民经济中占 30% 以上，生活消费和其他行业在我国国民经济中占 25% 左右。可以说，制造业、生活消费和其他行业撑起了我国国民经济的半壁江山，而能源强度最高电力、燃气及水的生产和供应业却只占国民经济的 4% 左右。农林牧渔业在国民经济中的比重则呈现出不断下降的态势。

结合表 5－4 和图 5－4，可以看出我国各行业能源敏感性指数存在较大差异，工业中的制造业的能源敏感性指数相对较高，建筑业的能源敏感性指数则最低。其他行业能源敏感性指数由高到低分别为：生活消费和其他行业，交通运输、仓储和邮政业，电力、燃气及水的生产和供应业，采矿业，农林牧渔业，批发和零售业、住宿和餐饮业。并且各行业能源敏感性指数近年来都呈现出下降的趋势，说明我国近年来各行业对能源效率和二氧化碳排放过量问题的重视程度不断加深，并采取了相对有效的措施。

表 5-4　　2004—2008 年各行业能源敏感性指数

行业＼年份	2004	2005	2006	2007	2008
农林牧渔业	0.048204	0.043632	0.038885	0.031233	0.020387
工业	0.897380	0.856080	0.810432	0.715176	0.667828
采矿业	0.076320	0.071424	0.061490	0.052624	0.054375
制造业	0.721851	0.689212	0.661692	0.589089	0.548520
电力、燃气及水的生产和供应业	0.09855	0.092484	0.087185	0.074934	0.064242
建筑业	0.020128	0.018513	0.017220	0.014950	0.011940
交通运输、仓储和邮政业	0.094284	0.090012	0.086139	0.077409	0.072940
批发和零售业、住宿和餐饮业	0.030240	0.027496	0.025636	0.022908	0.017748
生活消费和其他行业	0.181152	0.174440	0.160335	0.137436	0.138701

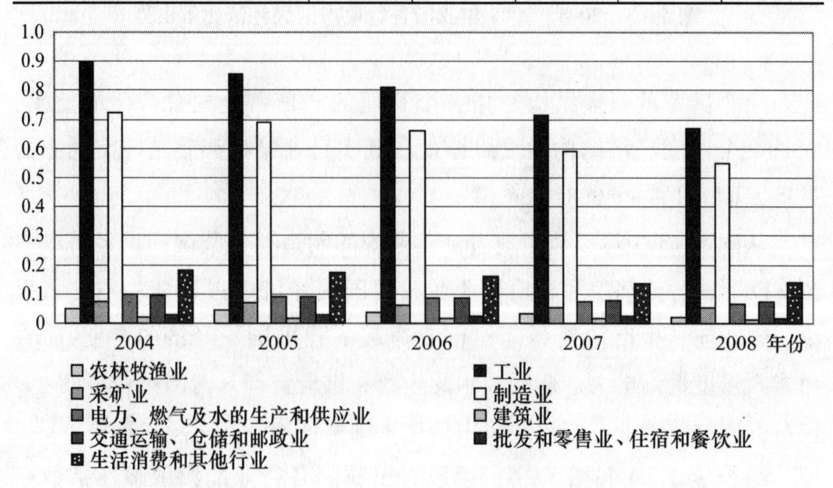

图 5-4　2004—2008 年各行业能源敏感性指数

第四节　碳排放量影响程度的行业聚类分析

由于我国各行业能源敏感性指数存在较大差异，所以有必要进行能源敏感性指数对各行业进行分类处理，以便可以更有针对性地进行节能减排工作。行业能源敏感性指数最大的一组归为二氧化碳排放重点治理行业，行业能源敏感性指数居中的一组归为二氧化碳排放持续关注行业，行业能源敏感性指数最小的一组归为二氧化碳排放安全可控行业。

利用方差分析检验单因素的多个水平之间是否有显著差异时的前提是不同水平下的各个总体必须服从同方差的正态分布。因此，首先要对各个不同行业能源敏感性指数进行方差齐性检验，检验结果见表5－5和表5－6：

表5－5　**方差分析单因素分析**

行业	观测数	求和	平均	方差
农林牧渔业	5	0.182341	0.036468	0.000120
工业	5	3.946896	0.789379	0.009209
采矿业	5	0.316233	0.063247	0.000108
制造业	5	3.210364	0.642073	0.005133
电力、燃气及水的生产和供应业	5	0.417395	0.083479	0.000191
建筑业	5	0.082751	0.016550	1.02×10^{-5}
交通运输、仓储和邮政业	5	0.420784	0.084157	7.80×10^{-5}
批发和零售业、住宿和餐饮业	5	0.124028	0.024806	2.27×10^{-5}
生活消费和其他行业	5	0.792064	0.158413	0.000402

表5－6　**方差分析验证**

差异源	SS	df	MS	F	P-value	F crit
组间	3.401170	8	0.425146	250.50900	3.48E－29	2.208518
组内	0.061097	36	0.001697			
总计	3.462266	44				

从表5-6可以非常清楚地看到，F=250.50900远远大于F crit=2.208518的临界值，同时P-value=3.48E-29，其值无限趋近于0，远远小于置信度0.05，所以各行业能源敏感性指数具有显著差异，有必要进行聚类分析。

根据表5-5的数据显示，本章将行业能源敏感性指数在0.1以上的行业定义为二氧化碳排放重点治理行业，将行业能源敏感性指数在0.1~0.05之间的行业定义为二氧化碳排放持续关注行业，将行业能源敏感性指数在0.05以下的行业定义为二氧化碳排放安全可控行业，见表5-7。

表5-7　　能源敏感性指数行业分类

聚类组别	行业
二氧化碳排放重点治理行业	制造业，生活消费和其他行业
二氧化碳排放持续关注行业	采矿业，电力、燃气及水的生产和供应业，交通运输、仓储和邮政业
二氧化碳排放安全可控行业	批发和零售业、住宿和餐饮业，农林牧渔业，建筑业

根据各行业能源敏感性指数对我国行业得出了较为颠覆传统观念的结论。生活消费和其他行业及制造业被归为二氧化碳排放重点治理行业，而传统观念中二氧化碳排放大户采矿业，电力、燃气及水的生产和供应业，交通运输、仓储和邮政业被定义为第二个等级。

这一结果主要是受行业能源强度和行业占国民经济比重两个因素影响。制造业以及生活消费和其他行业在国民经济中所占比重较大，这也就决定了我国减排任务的工作重点。

第五节　能源强度与碳排放强度之间的逻辑关系

所谓二氧化碳排放强度就是指单位GDP所需要排放的二氧化碳量。根据上一章二氧化碳排放影响因素分解模型中的能源强度效应和能源结构效应，可以得知能源强度与二氧化碳排放强度之间存在紧密的联系和相关性。

二氧化碳排放强度是由能源消耗强度引申变形出来的，能源消耗强度是指单位 GDP 所消耗的能源总量，根据公式（5－3）计算：

$$c = \frac{C}{GDP} \tag{5-3}$$

其中：c 为能源消耗强度，C 为能源消耗总量。同理可以计算出二氧化碳排放强度如公式（5－4）：

$$e_i = \frac{E_i}{GDP_i} \tag{5-4}$$

其中：e_i 为第 i 种行业的二氧化碳排放强度，E_i 为第 i 种行业的二氧化碳排放总量。

如图 5－5 所示，我国各行业的二氧化碳排放强度和行业能源强度大致相同，其中个别行业所存在的差异主要是由于能源结构效益产生的。

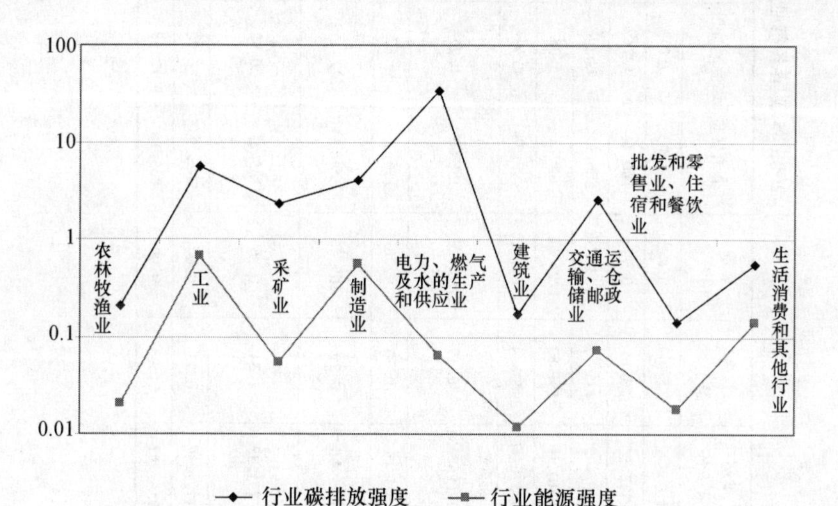

图 5－5　2008 年行业碳排放强度和行业能源强度指数

2008 年我国各行业二氧化碳排放强度数据统计见表 5－8：

表 5 - 8　　2008 年我国各行业二氧化碳排放强度

行业	煤炭消费量	焦炭消费量	原油消费量	汽油消费量	煤油消费量	柴油消费量	燃料油消费量	天然气消费量	行业产值	碳排放量	行业碳排放强度
	（万吨）	（万吨）	（万吨）	（万吨）	（万吨）	（万吨）	（万吨）	（亿立方米）	（亿元）	（万吨）	（万吨/亿元）
农林牧渔业	1522. 57	53. 14	0. 00	160. 44	1. 26	1098. 87	1. 50	0. 00	33702. 0	7145. 70	0. 21
工业	265574. 20	29756. 70	35332. 58	586. 11	49. 08	2517. 02	2039. 47	531. 60	130260. 2	741442. 20	5. 69
采矿业	19501. 07	181. 87	1294. 56	65. 73	5. 38	525. 91	49. 12	109. 67	19629. 4	45197. 60	2. 30
制造业	108176. 80	29538. 48	34027. 78	492. 78	43. 46	1688. 64	1604. 91	337. 92	102539. 5	420776. 00	4. 10
电力、燃气及水生产和供应业	137896. 33	36. 35	10. 23	27. 60	0. 25	302. 46	385. 44	84. 01	8091. 3	275468. 70	34. 05
建筑业	603. 18	10. 70	0. 00	196. 19	9. 67	370. 79	37. 70	0. 99	18743. 2	3144. 20	0. 17
交通运输、仓储和邮政业	665. 41	0. 29	165. 66	3090. 43	1174. 59	7649. 31	1142. 77	71. 55	16362. 5	42710. 90	2. 61
批发和零售业、住宿和餐饮业	1791. 39	7. 54	0. 00	135. 28	20. 82	152. 72	6. 25	17. 75	32798. 4	4549. 80	0. 14
其他行业	1791. 56	6. 93	0. 00	1121. 93	25. 90	1151. 80	9. 46	20. 92	48328. 5	10713. 30	0. 22
生活消费	9147. 61	64. 93	0. 00	855. 14	12. 68	592. 08	0. 00	170. 12	33850. 4	22839. 20	0. 68

第六节　能源结构对行业碳排放水平影响的简单阐述

根据上一章对指数因素分解模型的研究及上一节中行业能源强度与二氧化碳排放强度的差异，可以看出能源结构对二氧化碳排放的影响主要体现在各种能源消耗在总能源消耗中所占的比重和各种能源的二氧化碳排放系数。

通过对我国各种能源消费情况的调查分析，各种能源的消费所占总能源消费的比重差异过大，不可能实现单一的能源结构。故本章只以二氧化碳排放系数（见表5－9）作为衡量不同能源对我国二氧化碳排放量影响指标。

表5－9　　**八种能源的二氧化碳气体排放系数**

能源类型	煤炭	焦炭	原油	汽油	煤油	柴油	燃料油	天然气
排放系数（kg/TJ）	94600	107000	73300	70000	71900	74100	77400	56100

根据表5－9的数据显示，天然气的排放系数较低，焦炭的排放系数最高。对各种能源的排放系数进行排序，由高到低分别为：焦炭、煤炭、燃料油、柴油、原油、煤油、汽油和天然气。在非气体能源中汽油是二氧化碳排放系数最小的能源。

表5－10主要反映出八种能源的折标准煤系数，其中煤炭的折标准煤系数相对较低，汽油和煤油的折标准煤系数则相对较高，是煤炭折标准煤系数的一倍多。同时几种液体燃料的折标准煤系数差异不大。

表5－10　　**八种能源折标准煤系数**

能源类型	折标准煤系数（千克标准煤/立方米）
煤炭	0.7143
焦炭	0.9714

续表

能源类型	折标准煤系数（千克标准煤/立方米）
原油	1.4286
汽油	1.4714
煤油	1.4714
柴油	1.4571
燃料油	1.4286
天然气	1.3300

能源二氧化碳排放影响系数的计算如公式（5－5）：

$$n_i = x_i \times b_i \tag{5-5}$$

其中：n_i 表示第 i 种能源的二氧化碳排放影响系数；x_i 表示第 i 种能源的二氧化碳排放系数；b_i 表示第 i 种能源的折标准煤系数。

能源二氧化碳排放影响系数见表5－11。

表5－11　能源二氧化碳排放影响系数

能源种类	影响系数
煤炭	67572.78
焦炭	103939.80
原油	104716.38
汽油	102998.00
煤油	105793.66
柴油	107971.11
燃料油	110573.64

从表5－11中可以看出，煤炭是二氧化碳排放影响系数最小的能源，是较为清洁的能源。而燃料油的二氧化碳排放影响系数最大，建议较少适用燃料油，这样有利于控制我国的二氧化碳排放总量。同时由于天然气的单位数量级太小，没有纳入本次研究。

能源二氧化碳排放影响系数由高到低分别为燃料油、柴油、煤油、原油、焦炭、汽油和煤炭。建议多使用煤炭和汽油这些相对较为清洁的能源，同样天然气的使用也有助于减排目标的完成，同时应减少燃料油和柴油的使用。

第七节　本章小结

本章对我国行业能源强度进行测算，同时添加各行业在国民经济中所占比重，得出各行业的能源敏感性指数，以此将我国行业分为三大类：（1）二氧化碳排放重点治理行业包括制造业，生活消费和其他行业；（2）二氧化碳排放持续关注行业包括采矿业，电力、燃气及水的生产和供应业，交通运输、仓储和邮政业；（3）二氧化碳排放安全可控行业包括批发和零售业、住宿和餐饮业，农林牧渔业，水利业，建筑业。以此便于找出我国节能减排工作的重点。之后由于能源强度和二氧化碳排放强度之间的差异，对能源结构问题做了较为简单的陈述，建议多使用煤炭、汽油和焦炭这些相对较为清洁的能源，减少燃料油和柴油的使用比重。

第六章　能源消费对地区碳排放水平的影响

本章首先以能源和低碳经济的研究背景和意义为出发点，描述了当前气候严峻的形势，收集2010年各省份的碳排放量有关数据，借鉴谭丹、黄贤金（2008）的二氧化碳排放量的估算方法，计算出全国各省份的碳排放总量、人均碳排放量和碳排放强度，按照碳排放总量的高低将30个地区划分为高、中、低碳排放区域，并对比分析不同区域之间碳排放水平的差异，结果各地区的碳排放总量、人均碳排放量、碳排放强度排名均存在明显不同。针对存在的不同，文章从能源消费强度、能源消费结构和环保技术三个成因方面进行统计观察。最后结合其他学者的研究结论，分别从高、中、低碳排放区提出减排对策。

第一节　地区碳排放水平及其计量方法

能源作为一种不可再生物质，支撑着经济繁衍生息、蓬勃发展，是国民经济发展的源泉和动力，社会繁荣离不开它，人类文明离不开它，自然选择、适者生存更离不开它。一个国家的科学技术和生产发展水平以它的开发利用广度和深度为重要的衡量依据。能源的发展源远流长、生生不息，从古至今，每一种能源的发现和利用，都把人类支配自然的能力提高一个台阶；能源科学技术的每一次飞跃，都引起生产技术的重大突破和革新。迄今为止，全球范围内能源消费最多的国家多是一些发达国家。而能源的消费日趋激烈，带动着机械、动力工业的迅猛发展，其燃烧释放出大量的温室气体，大气中的温室气体浓度不断增加，导致学术界一直认为时下热点问题全球气候变暖的主要诱导因子是由于人类活动中的化石燃料的燃烧所排放的温室气体产生的温室效应引起的，尤以二氧化碳的比重最大，高达63%。气候问题愈演愈烈，世界各国不得不加以重视。

全球气候变化是人类迄今面临的最复杂的问题之一，也是能源发展面临的巨大挑战。解决气候变化问题的根本措施是减少温室气体的人为排放，特别是能源生产、消费过程中的二氧化碳的排放。为此，世界各国正致力于寻求在后京都时代更加有效（或许更加严格）的减排行动。中国是能源消费大国，能源发展已成为影响国家经济又好又快发展的命脉，又是仅次于美国的第二号碳排放大国，实现经济发展的同时环境污染又成为振兴工业经济的突出矛盾和瓶颈因素。本章研究的目的是要找出一条适合中国各地区自身的资源消耗低、二氧化碳排放量少、环境污染少、科技含量高、经济效益好的新型工业化道路。首先，本章以全国30个地区为例，从各省份的碳排放总量、人均碳排放量、碳排放强度三个方面，对比分析各省份碳排放水平的区域差异。其次，分别从各省份的能源消费结构、能源消费强度和环保技术水平三个碳排放成因统计观察并进行实证分析，找出三者与碳排放之间的关系，丰富和完善国内外相关的研究成果。通过对碳排放的影响因素分析，探究影响碳排放的能源消费强度、能源消费结构以及技术创新等因素，发现这些因素对碳排放的贡献程度存在的区域差异。最后，本章就三因素的实证研究结果，提出优化能源结构、提高能源利用率的对策，对掌握全国各地区的碳排放变化趋势、制定有效的减排政策有重要意义。

对于碳排放总量的数据，目前中国统计机构没有公布二氧化碳排放数据，但是通过间接的方法可以估计出碳排放，只要知道各种能源的消费总量及各种能源的碳排放系数即可。由于中国最主要的能源是煤炭、石油和天然气，只要估算出这三种能源的碳排放系数，再结合能源消耗统计数据，即可对中国各地区/细分行业的碳排放进行估算。借鉴谭丹、黄贤金（2008）的估算方法，本章采用的直接碳排放估算公式如公式（6－1）：

$$DTC_i = \sigma_c V_c + \sigma_o V_o + \sigma_q V_q \qquad (6-1)$$

其中：DTC_i 表示 i 地区/行业的直接碳排放；V_C、V_o、V_q 分别表示 i 地区/行业的生产过程中煤炭类、石油类和天然气类能源的消费量；σ_c、σ_o、σ_q 分别表示煤炭类、石油类和天然气类能源的碳排放系数。

在各类能源消耗的碳排放系数确定中，煤炭的碳排放系数是由有效氧化分数乘以每吨标准煤的含碳率计算得到的，石油和天然气的碳排放系数是在碳排放系数的基础上再乘以一个倍数。尽管不同的研究部门对这些能源的碳排放系数的测算往往是不同的，但是其中数据相差并不太大，本章选取关于基础能源碳排放系数的平均值（即煤炭、石油和天然气的碳排放系数分别为0.739、0.563和0.428），应用公式（6－1）对碳排放进行测算。

在实际计算碳排放的过程中，如果数据没有细分到煤炭、石油、天然气三种能源，则将三种能源全部转化为标准煤来进行计算，按公式（6－2）进行碳排放系数的计算：

$$C_{bc} = \left(\frac{1}{C_c}\sigma_c + \frac{1}{C_o}\sigma_o + \frac{1}{C_q}\sigma_q\right) \Big/ \left(\frac{1}{C_c} + \frac{1}{C_o} + \frac{1}{C_q}\right) \qquad (6-2)$$

其中：C_{bc} 表示标准煤的碳排放折算系数；C_c、C_o、C_q 分别表示煤炭、石油、天然气折成标准煤的系数；σ_c、σ_o、σ_q 分别表示煤炭类、石油类和天然气类能源的碳排放系数。参照《中国能源统计年鉴》2008年公布的相关数据，C_c、C_o、C_q 的值分别取0.7143、1.4286、1.33。如公式6－3进行的碳排放测算：

$$DTC_i = C_{bc} V_i \qquad (6-3)$$

其中：DTC_i 表示 i 地区/行业的碳排放总量；C_{bc} 表示标准煤的碳排放折算系数；V_i 表示 i 地区/行业的生产过程中能源消耗总量。

依据上面介绍的碳排放测算方法，对中国30个地区（西藏自治区的数据暂缺，故除外）2010年的能源消费总量来测算各地区的碳排放量，通过数据代入和公式运算，得到中国各地区的碳排放总量数据。

根据公式（6－2）$C_{bc} = \left(\frac{1}{C_c}\sigma_c + \frac{1}{C_o}\sigma_o + \frac{1}{C_q}\sigma_q\right) \Big/ \left(\frac{1}{C_c} + \frac{1}{C_o} + \frac{1}{C_q}\right)$ 计

算出 C_{bc} = （0.739/0.7143 + 0.563/1.4268 + 0.428/1.33）/（1/0.7143 + 1/1.4286 + 1/1.33），即标准煤的碳排放折算系数为 0.61398，结合《2012 年国家能源统计年鉴》中公布的各地区 2000—2011 年能源消费总量数据，代入公式（6 - 3）测算出中国各地区的碳排放总量，继而根据《2012 年国家统计局》相关统计数据计算出各地区历年人均碳排放量以及碳排放强度。

第二节　中国碳排放水平的区域差异分析

一　中国碳排放区域划分

本节选取了 2010 年的相关数据，计算中国 30 个地区的碳排放总量、人均碳排放量和碳排放强度，并分析中国各地区的碳排放情况。具体参见表 6 - 1。

分析表 6 - 1 不难发现，按照地理位置划分碳排放区域的标准并不能有效分析该地区的碳排放情况。譬如，2010 年华北地区中的河北省的碳排放总量是天津市的 4.2 倍，分别为 19816.1922 万吨标准煤和 4676.8381 万吨标准煤；东北地区的辽宁省的碳排放量为 15634.2802 万吨标准煤，是同区域内的吉林省的 2.56 倍，是黑龙江的 2.13 倍；按地理位置划分的区域内部之间的碳排放量相差较大，不利于有效地进行各区域之间的对比和碳排放高的省份之间的对比分析。因此，本章根据各地区的碳排放总量的高低划分区域，并在分析时结合了各地区的地理位置。本章将全国 30 个地区划分为高、中、低排放区域。高碳排放区域为山东、河北、广东、江苏、河南、辽宁、内蒙古、四川，这些地区的碳排放量在 13000 万吨标准煤以上。中碳排放区域为山西、浙江、湖北、湖南、上海、黑龙江、安徽、福建、陕西、云南、新疆、贵州、吉林、广西，碳排放量在 6000 万～13000 万吨标准煤之间。低碳排放区域有重庆、北京、江西、天津、甘肃、宁夏、青海、海南，这些地区的碳排放量小于 6000 万吨标准煤。

表6-1　2010年中国30个地区碳排放总量、人均碳排放量以及碳排放强度

区域	地区	碳排放总量（吨标准煤）	人均碳排放量（吨标准煤）	碳排放强度（吨标准煤/万元）
华北	北京*	50418684.88	2.57	0.36
	天津*	46768381.29	3.60	0.51
	河北***	198161922.00	2.75	0.97
	山西**	126222648.70	3.53	1.37
	内蒙古***	137197246.90	5.55	1.18
东北	辽宁***	156342802.00	3.57	0.85
	吉林**	60916463.84	2.22	0.70
	黑龙江**	73571446.37	1.92	0.71
华东	上海**	75020496.70	3.26	0.44
	江苏***	186635798.30	2.37	0.45
	浙江**	122005640.90	2.24	0.44
	安徽**	73510613.07	1.23	0.59
	福建**	70828121.13	1.92	0.48
	江西*	49020502.51	1.10	0.52
	山东***	246438121.30	2.57	0.63
华中	河南***	158042731.10	1.68	0.68
	湖北**	115946061.40	2.02	0.73
	湖南**	115177149.80	1.75	0.72
华南	广东***	187534223.60	1.80	0.41
	广西**	60854994.21	1.32	0.64
	海南*	10239001.05	1.18	0.50
西南	重庆*	54825968.16	1.90	0.69
	四川***	134494086.90	1.67	0.78
	贵州**	63502286.01	1.83	1.38
	云南**	63764474.35	1.39	0.88
西北	甘肃*	45553454.78	1.78	1.11
	青海*	21137012.15	3.75	1.57
	宁夏*	34307857.14	5.42	2.03
	新疆**	63680517.44	2.91	1.17

注：*表示为低碳排放区域；**表示为中碳排放区域；***表示为高碳排放区域。

数据来源：根据《2012年国家能源统计年鉴》的相关数据计算得来。

二　碳排放水平的区域差异

第一，从碳排放总量情况的角度分析，2010年，山东省的碳排放总量为全国最高，为24643.8121万吨标准煤。究其原因，山东省重工业在工业结构中占比重较大，同时电力使用大量依靠化石能源（特别是煤炭）进行火力发电，从而造成了其碳排放总量在全国范围内排名靠前的局面。同为华东地区的江苏省的碳排放量也是比较靠前的，2010年碳排放总量为18663.5798万吨标准煤。通过对比分析江苏省规模以上工业主要能源消费量，发现近几年来煤炭和焦炭的消费量增加较快，且在能源消耗中所占比重较大，表明煤炭和焦炭对碳排放总量的贡献率较大。而江西省的碳排放总量在华东地区的排名最后，统计发现近年来江西省的工业产值增长速度出现下滑趋势，规模以上工业主要产品中原煤产量有所增加，其增幅不大；原油加工量下滑，比2009年下降了7.8%；火力发电量随经济的发展不断增加，总体上在合理的增长范围内。河南、河北等地区的碳排放总量比较高，这是因为这些地区的能源结构不合理，煤炭消费的比例较高，化石能源的使用规模也比较大。山西省和内蒙古自治区的煤炭产量居全国前列，也是煤炭的输出大省，其碳排放量排名靠前，均为12600万吨标准煤以上。而北京、天津等经济较为发达的地区，其能源消费结构较为合理，科学地利用能源，有效地资源配置，因而其碳排放量较低。一些沿海地区，如广西、云南、贵州等省份，煤炭消费比例较其他化石能源高，由于规模较大的工业少，化石能源的使用规模相对小，因此其碳排放量没有江苏等地区的高。

第二，结合各地区的人口规模进行比较，即人均二氧化碳排放量。在低碳经济格局尚未建立的情况下，人均二氧化碳排放量的高低直接反映了人民生活水平的高低和不同地区人口对排放空间的占有程度。通过对2010年中国各地区碳排放总量与人均碳排放量之间的对比分析，发现30个地区的碳排放总量与人均碳排放量的全国排名明显不同（见图6－1）。内蒙古、天津、上海、宁夏等地区

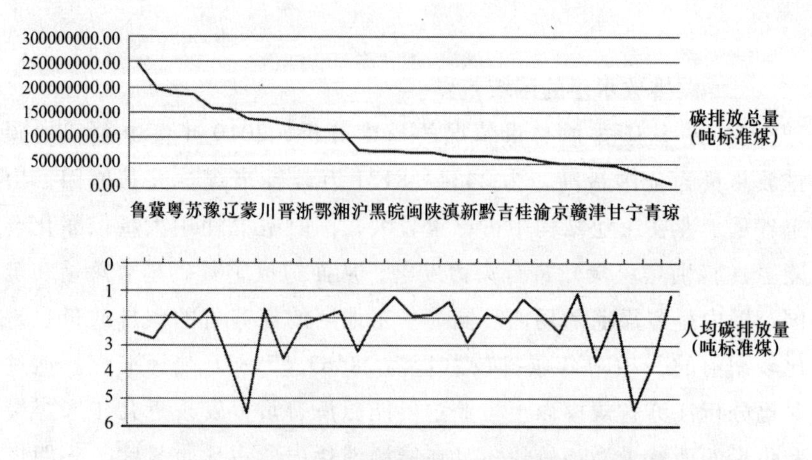

图 6-1　各省份碳排放总量与人均碳排放量对比图

数据来源：《2012 年中国能源统计年鉴》。

的碳排放总量并不是最好的，但是其人均碳排放量却居于高位。同时各省市之间的差距很大，如内蒙古自治区的人均碳排放量最高，为 5.55 吨标准煤，而四川省人均碳排放量为 1.67 吨标准煤，两省之间的人均碳排放量相差 3.32 倍，与人均碳排放量最低的江西省相差 5.05 倍。除了内蒙古、宁夏等自治区，人均碳排放量呈现出沿海发达地区高于内陆欠发达地区的特点，总体上反映了社会福利和经济水平的差别。

第三，考虑各地区的生产总值，本章从碳排放强度角度来讨论各地区的 GDP 与碳排放总量的关系。碳排放强度是指生产单位国内生产总值所排放的二氧化碳的量，为碳排放总量与 GDP 之比，是衡量低碳经济以及绿色 GDP 的重要指标。总体上中国碳排放强度呈现自东向西逐级增加的分布趋势，东部沿海地区的碳排放强度明显低于中西部地区，东部地区作为中国经济较为发达的地区，在发展经济的同时出台一系列的环境保护政策等，表明了东部沿海地区在全面推进经济发展的同时也做到了减排，基本实现了“低排放高产出”的低碳经济效益。而宁夏回族自治区的碳排放强度最大，山西省、贵州省较其他省份也偏高，表明这几个地区的碳减排潜力较大，相关政府在发展经济的时候，应对环境保护给予较大的关注。碳排放强度出现区域差异的原因是推动经济发展时产业结构、技术创新水平以及能源消费结构存在区域产业，因此那些碳减排潜力较大的地区可以有针对性地从调整产业结构、提高技术水平等出发，有效地降低碳排放强度，推动节能减排工作的进行。

第三节　能源消费对各地区碳排放影响的统计观察

各项研究结果表明，碳排放水平的影响因素众多，包括能源消费结构、能源消费强度、经济发展水平、人口规模、产业结构等，然而碳排放水平的变化并不是某一个因素单独作用的结果，而是各方面因素共同作用的结果。本节选取了其中的能源消费强度、能源消费结构和环保技术水平三个影响因素来进行统计观察。

一　能源消费结构

能源消费结构通常是指含碳能源如煤炭、焦炭、石油、天然气等在一次能源消费中的比例。近年来碳排放量不断增加，其主要原因是不合理的能源消费结构。中国各地区发展经济能源消费形成了以煤炭消费为主，石油、天然气等能源消费为辅的局面。研究表明含碳量较高的煤炭大量消耗是中国碳排放量增加的主要原因。总体上中国的煤炭消费比例高达 70% 以上，在经济迅速发展的今天，如果不及时调整能源消费结构，煤炭消费占主导地位的状况将持续，对环境的影响也将越来越大，后果不堪设想。

中国幅员辽阔，资源丰富，能源的各地区分布不均，同时经济发展水平也各不相同，导致地区能源消费结构存在差异，但是总体上保持着以煤为主的局面。例如，河北、湖南、广西、重庆、湖北等地区，其煤炭消费所占比例超过总能源的 4/5，而内蒙古、山西、贵州、安徽和云南等省份，这些地区煤炭消费比重甚至超过总能源的 9/10（见图 6－2）。

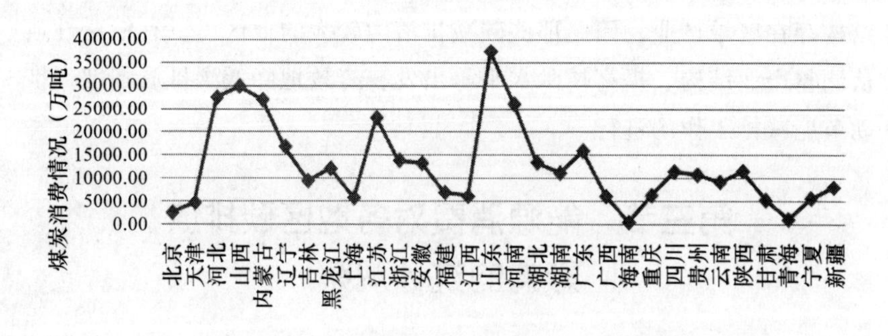

图 6－2　2010 年 30 个地区的煤炭消费情况

数据来源：《2011 年中国能源统计年鉴》。

观察图 6－2 煤炭消费情况可以发现，高碳排放区的省市煤炭消费远高于中、低碳排放区域的消费量，煤炭消费量与碳排放量之间存在着一定的正相关关系，煤炭消费量高的地区，工业生产中其释放出的二氧化碳量比较高。但是也存在例外，2010 年山西省的煤炭消费量高达 29865 万吨，全国排名第二，而碳排放量为 12622.2648 万吨标准煤，全国排名第九。这是由于山西省是煤炭典型经济区，以其丰富的煤炭资源形成了以煤为主的典型经济发展模式。统计结果表明，2010 年山西省由煤炭消费引起的碳排放量占总排放量的 78.74%，同时煤炭消费量在一次能源消费中的比重高达 90% 以上。能源消费结构不合理导致严重的碳排放问题。

二　能源消费强度

能源消费强度是指能源消费总量与 GDP 之比，它反映的是能源利用效率。一般地，能源消费强度与能源利用效率呈反比关系，即消费强度越高，能源利用率就越低；能源消费强度越低，能源利用效率则越高。而根据能源消费强度的计算公式可知，在 GDP 一定的情况下，能源消费强度高表明能源消费总量较大，其对应的碳排放量也就越大。近年来中国的能源消费强度不断下降，从 1978 年 15.7 吨标准煤/万元逐渐下降到 2010 年 0.81 吨标准煤/万元以下，通过研究发现中国能源消费增长速度得以减缓甚至下降主要是因为能源利用效率的提高和改进。

通过计算得出2010年30个地区的能源消费强度（见图6－3），发现北京、江苏、浙江、上海、广东等东部经济发达地区的能源消费强度比较低，足以说明发达地区在全面推进经济发展的同时不断提高能源利用率，基本上做到了节能减排；而辽宁、山西、贵州等地区的能源消费强度较高，表明其二氧化碳减排潜力较大，需要不断提高能源利用效率。

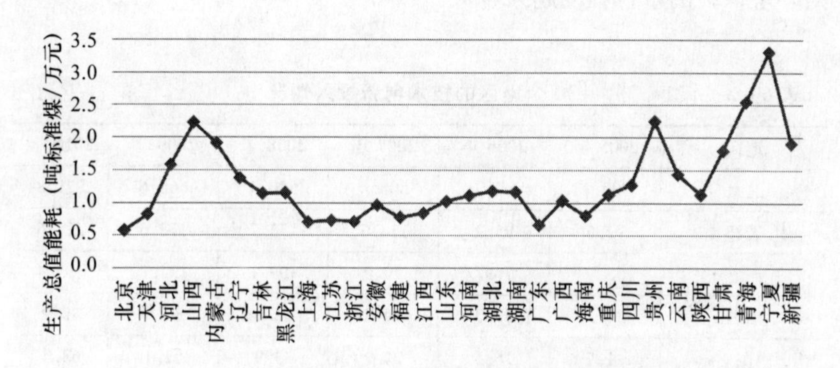

图6－3　2010年30个地区的单位地区生产总值能耗

数据来源：《2012年国家统计年鉴》。

三　环保技术投入

碳理念已经成为一种全民意识，自从“十一五”计划节能减排指标明确之后，各行各业都在尽心尽力预防和治理环境污染，低碳技术创新作为低碳经济能力的一个投入指标，起到了显著作用。这里的环保技术水平主要代表的是低碳技术创新，而本章将低碳创新技术分为节能技术、碳隔离技术和能源替代技术。不管是节能技术、碳隔离技术还是能源替代技术，都离不开人力、物力、财力三方面的投资，在技术创新能力指标体系的指导下，将低碳技术创新能力量化，选取各地区的科学研究与实验发展（R&D）经费投入强度作为技术创新的衡量指标。

自2005年以来，R&D经费投入情况见表6-2，各地区的技术创新投资力度逐年加大，可以看出各个地区对节能减排越来越重视，不断探索一条经济、环境、资源三者共同发展的稳定和谐之路。研究表明，技术投入对二氧化碳排放量有负效应，随着技术投入的不断增加，碳排放增长趋势将变得缓慢。江苏省作为国内大省之一，其投资额最高，由2005年的269.8亿元逐年攀高至2010年的857.9亿元，其碳排放量的年增长速度逐年下降。北京、广东、山东等省份也不甘示弱，投资力度颇大。其他各省投资额年年都有增加，可见全国上下对环境保护的重视程度越来越大。

表6-2　　**30个地区的技术创新投入情况**　　单位：亿元

地区	2005年	2006年	2007年	2008年	2009年	2010年
北京	382.1	433.0	505.4	550.3	668.6	821.8
天津	72.6	95.2	114.7	155.7	178.5	229.6
河北	58.9	76.7	90.0	109.1	134.8	155.4
山西	26.3	36.3	49.3	62.6	80.9	89.9
内蒙古	11.7	16.5	24.2	33.9	52.1	63.7
辽宁	124.7	135.8	165.4	190.1	232.4	287.5
吉林	39.3	40.9	50.9	52.8	81.4	75.8
黑龙江	48.9	57.0	66.0	86.7	109.2	123.0
上海	208.4	258.8	307.5	355.4	423.4	481.7
江苏	269.8	346.1	430.2	580.9	702.0	857.9
浙江	163.3	224.0	281.6	344.6	398.8	494.2
安徽	45.9	59.3	71.8	98.3	136.0	163.7
福建	53.6	67.4	82.2	101.9	135.4	170.9
江西	28.5	37.8	48.8	63.1	75.9	87.2
山东	195.1	234.1	312.3	433.7	519.6	672.0
河南	55.6	79.8	101.1	122.3	174.8	211.2
湖北	75.0	94.4	111.3	149	213.4	264.1
湖南	44.5	53.6	73.6	112.7	153.5	186.6
广东	243.8	313.0	404.3	502.6	653.0	808.7

续表

地区	2005 年	2006 年	2007 年	2008 年	2009 年	2010 年
广西	14.6	18.2	22.0	32.8	47.2	62.9
海南	1.6	2.1	2.6	3.3	5.8	7.0
重庆	32.0	36.9	47.0	60.2	79.5	100.3
四川	96.6	107.8	139.1	160.3	214.5	264.3
贵州	11.0	14.5	13.7	18.9	26.5	30.0
云南	21.3	20.9	25.9	31.0	37.2	44.2
陕西	92.4	101.4	121.7	143.3	189.5	217.5
甘肃	19.6	24.0	25.7	31.8	37.3	41.9
青海	3.0	3.3	3.8	3.9	7.6	9.9
宁夏	3.2	5.0	7.5	7.5	10.4	11.5
新疆	6.4	8.5	10.0	16.0	21.8	26.7

数据来源：根据 2012 年国家统计局公布的统计公报收集的数据。

第四节　各地区的碳减排对策分析

根据以往学者的研究结论，总结得出了全国各地区碳排放总量与能源消费强度、能源消费结构之间存在着一定的正相关关系，由此可见，碳排放消费强度、能源消费结构对碳排放水平具有推动作用，碳排放总量与环保技术投入呈反向相关关系。可见，环保技术投入对碳排放水平具有抑制作用。根据此结论，结合上述的差异分析和统计观察，针对不同碳排放区的具体情况，提出以下相关的减排对策：

一　高碳排放区：优化能源消费结构，提高能源利用率，发展低碳经济

从能源消费结构方面分析，高碳排放区域煤炭的消费比例比较高，位居全国前列。鉴于此，有必要降低高碳排放区的煤炭消费比例，推进风能、水能等可再生新能源的开发和应用，提高非化石能源的消费比例，从而构建起有效的低碳能源体系，优化能源消费结构。另外，除了广东和江苏，高碳排放区的能源利用效率普遍不高。考虑

到中国一直以来以煤炭为主带动工业经济发展的状况，短期内难以改变能源消费结构，单位煤炭消耗产生的二氧化碳较高，这些地区可以同时从提高能源利用率入手，推动能源科技的进步和创新，最终达到减少碳排放量的目的。

二　中碳排放区：严格监控碳排放量，发展新型工业

中碳排放区应借鉴高碳排放区的经验和教训，合理平衡经济增长与发展低碳经济的关系。一方面，以省份为单位严格监控能源消费强度，制定一系列的环保、低碳的法律法规，引导高碳排放的行业加强碳排放监控并建立碳减排机制。另一方面，这些省份可以借鉴其他省份或者发达国家的经验，引导高能耗、高排放的相关产业向低能耗、低排放的方向发展，政府在经济上支持企业采用节能技术和设备，发展新型工业。

三　低碳排放区：发展清洁能源，推进低碳技术进步

低碳排放区经济发展中消耗的煤炭较全国少。结合其地理位置分布和经济发展情况，北京、天津作为经济较发达的东部地区，能源利用率较高，碳减排技术水平较为先进。而甘肃、宁夏、青海和重庆属于西部地区，其能源消费强度和环保技术投入均比较低，说明了这些地区的能源利用率和低碳技术水平不高，因此，这些地区应在保持良好的生态环境的同时，大力开发水风能、地热能、太阳能等清洁能源和一些可再生能源，减少高排放、高污染的工业企业，寻求一种适合的经济发展模式；另外，借鉴江苏、北京等地区的碳减排技术，加大环保技术的投入量，宣传低碳技术理念，提高环保技术水平，同时提高地区的能源利用效率。

第七章　碳减排效率及其地区差异分析

中国正处于快速工业化和城市化进程之中，人类社会未来的生存与发展受到了日益恶化的气候变化的严重威胁，通过碳减排发展低碳经济成了人类发展和自然改善的必经之路。碳减排，有利于维护自然生态系统和社会经济系统协调一致；碳减排，可以保护我们的地球资源和环境，还能够造福后代，让人类社会文明持续不断地繁衍生息和源远流长；碳减排，可以避免特大自然灾害以及难以应对的气候变化，以防止造成巨大的人力、物力、财力方面的损失；碳减排，可以提高人类生产和生活能力，促进人类科学技术向先进不断迈进，人类文明和智慧也将不断被挖掘。

在评估碳减排的实效时，需要考虑投入与产出的关系，既要考虑碳减排的资源投入总量，也要考虑到碳减排相较于经济发展而言的实效。对此，本章效率评价的输入变量，即自变量为碳减排投入，输出变量，即因变量为碳减排成效。通常采用的投入产出效率估算方法为：参数法和利率法。前者的最大优点是通过估计产出函数对投入产出的过程进行描述，进而控制投入产出的效率估计，随机前沿分析法（SFA）较为常用，主要用于单产出和多投入的相对效率测算；后者仅适用于单指标的投入产出效率评价，投入产出绝对效率的高低是用产出与投入的简单比例关系来表示的。二者都有其局限性，并不能涵盖本章的碳减排效率评估所涉及的多投入和多产出要素，而数据包络分析法（DEA）正好克服了这一缺点。

第一节 碳减排效率的研究方法

一 数据包络分析

数据包络分析法（DEA）是一种系统评价方法，由美国著名运筹学家 A. Charnes（查尼斯）与 W. W. Cooper（库伯）等，于 1978 年在“相对效率评价”基础上发展起来的。它不再是单输入、单输出的工程效率概念，而是多输入、多输出同类决策单元（DMU）的有效性评价，同类型的 DMU 具有相同目标、任务、外部环境、输入输出指标。由于各地区实行碳减排政策的投入要素值和产出结果值各异，所以把每个地区假设为一个决策单元，它们追求的共同目标就是实现碳减排效率的最大化。碳减排的综合评价是一种整体性的认识，从影响效率评估每个指标的投入与产出因素角度出发，既有主观的成分，也有客观的影响因素。采取（层次分析法）AHP 选取了评价模型的投入指标和产出指标，假设它们对应的每个投入值和产出值都是实际为碳减排所做的努力和结果。再采取 DEA 方法来评价决策单元之间的相对效率，不仅可以对决策单元的有效性作出度量，而且还能对决策单元非有效性进行调整。

二 碳减排效率分析的 DEA 模型

数据包络分析方法（DEA）是一种效率评价方法，是以相对效率概念为基础发展起来的，由 Charnes（查尼斯）和 Cooper（库伯）等提出。基本思想：构建一个数学规划模型，对每个决策单元（DMU）效率进行评价。基本模型分为两种：用以评价综合效率的 C^2R模型，用以评价技术效率的 BC^2 模型。我们从“产出不变，投入最小”的角度，对各决策单元的效率评价是基于投入的 DEA 模型。

n 个决策单元的评价系统，设有 m 种类型的输入，s 种类型的输出。记 $X_j = (x_{1j}, x_{2j}, \cdots, x_{mj})$，$Y_j = (y_{1j}, y_{2j}, \cdots, y_{sj})$，$j = 1, 2, \cdots, n$。$(X_j, Y_j)$ 为第 j 个决策单元的输入输出。对 DMU_0 进行评价时，设其输入输出指标为 (X_0, Y_0)。为了解决模型在评价决策单元是否有效

方面的困难，通过引入非阿基米德无穷小量概念，加入松弛变量 s^+ 及 s^-，构造了具有非阿基米德无穷小量的 C^2R 模型如公式（7－1）所示，BC^2 模型如公式（7－2）所示。

$$\begin{cases} \min[\theta-\varepsilon(e^{-T}s^-+e^{+T}s^+)]=V_{D_1} \\ \qquad s.t. \\ \qquad \sum_{j=1}^{n}X_j\lambda_j+s^-=\theta X_0 \\ \qquad \sum_{j=1}^{n}Y_j\lambda_j-s^+=Y_0 \\ \lambda_j\geqslant 0, j=1,2,\cdots,n; s^+\geqslant 0; s^-\geqslant 0 \\ e^{-T}=(1,1,\cdots,1)\in E_m, e^{+T}=(1,1,\cdots,1)\in E_s \end{cases} \tag{7-1}$$

$$\begin{cases} \min[\theta-\varepsilon(\hat{e}^{T}s^-+e^{T}s^+)]=V_{D_2} \\ \qquad s.t. \\ \qquad \sum_{j=1}^{n}X_j\lambda_j+s^-=\theta X_0 \\ \qquad \sum_{j=1}^{n}Y_j\lambda_j-s^+=Y_0 \\ \lambda_j\geqslant 0, j=1,2,\cdots,n \\ \hat{e}^{T}=(1,1,\cdots,1)\in E_m, e^{T}=(1,1,\cdots,1)\in E_s \end{cases} \tag{7-2}$$

非阿基米德无穷小量 ε 是一个小于任何正数且大于零的“抽象数”，在实际使用中一般取 $\varepsilon=10^{-7}$。

公式（7－1）与公式（7－2）的最优解中，若 $\theta_0=1$，则该决策单元为 DEA 有效；若 $\theta_0<1$，则该决策单元非 DEA 有效。规模效率＝综合效率/技术效率，同时 DEA 可以通过公式（7－3）判断决策单元的规模收益水平。

$$k=\frac{1}{\theta_0}\sum_{j=1}^{n}\lambda_j^0 \tag{7-3}$$

当 $k=1$ 时，表示 DMU_0 的规模收益不变；当 $k<1$ 时，表示规模收益递增；当 $k>1$ 时，表示规模收益递减。

对于 DEA 非有效单元，令：

$$\hat{X}_0 = \theta^0 X_0 - s^{-0} = \sum_{j=1}^{n} \lambda_j^0 X_j \tag{7-4}$$

$$\hat{Y}_0 = Y_0 + s^{+0} = \sum_{j=1}^{n} \lambda_j^0 X_j \tag{7-5}$$

那么，$(\hat{X}_0, \hat{Y}_0)$ 为 DMU_0 在 DEA 相对有效面上的“投影”，且 $(\hat{X}_0, \hat{Y}_0)$ 是 DEA 有效的。非 DEA 有效单元各项投入指标与其投影（即最优值）之间的差距，称为投入冗余。通过计算各项投入指标的冗余程度，可以分析各决策单元投入资源的改进潜力及重点改进方向。

第二节 我国不同地区碳减排效率评估实证分析

一 碳减排效率评估指标体系构建

通过前文分析的能源消费强度、能源消费结构以及技术创新与碳排放之间的关系可以得知：要想实现碳减排目标，势必要降低能源消费强度，减少主要能源煤炭的消费以及加大技术创新投资。碳减排作为发展低碳经济的一种途径，对其进行效率的综合评估，应该从多个角度选取不同的指标，以反映不同的侧面，然后综合起来反映其整体状况。利用层次分析法（AHP）构建碳减排效率评估指标体系，见表7-1。此方法将评估指标体系划分为四个层次：第一层为目标层，以中国31个省份为主要碳排放源，研究其碳减排能力；第二层为准则层，即碳减排能力的两个要素，碳减排的投入能力和产出能力，亦即两个一级指标；第三层为措施层，为了实现减排这个大的目标，可以采取四种途径：减少碳排放、降低能源消费强度（提高能源利用效率）、调整能源消费结构（减少主要能源煤炭的消费量）和技术创新，亦即四个二级指标；第四层为指标层，也是最底层的指标，是上层指标的关键因子，亦即四个三级指标。

其中，碳减排投入能力主要从减少碳排放、降低能源消费强度、调整能源消费结构和技术创新四个方面花费的人力、物力、财力出发，每个方面选取一个指标作为措施层的衡量指标：废气治理设施数

表7-1 基于AHP的碳减排效率评估指标体系

目标层	准则层（一级指标）	措施层（二级指标）	指标层（三级指标）	指标属性
中国31个省区碳减排能力评价	碳减排投入能力	减少碳排放	废气治理设施数（套）	定量
		降低能源消费强度	第三产业法人单位数（万个）	定量
		调整能源消费结构	电力消费量（亿千瓦小时）	定量
		技术创新	科学研究与试验发展（R&D）经费支出（亿元）	定量
	碳减排产出能力	减少碳排放	“十一五”节能目标完成情况，比2005年降低（%）	定量
		降低能源消费强度	能源利用效率/单位能源消耗产值（万元/吨标准煤）	定量
		调整能源消费结构	主要能源煤炭储量（亿吨）	定量
		技术创新	碳排放生产率/单位碳排放产值（万元/吨标准煤）	定量

用来表示减少碳排放的物力投入；降低能源消费强度即提高能源利用效率，可以通过发展第三产业来规避第一、第二产业的高能源消费强度，所以用第三产业法人单位数来表示降低能源消费强度的人力、物力、财力投入；历年各地区的煤炭消费总量逐年攀高所导致的碳排放量也逐年增高，调整能源消费结构势在必行，电能可谓是最清洁、便捷及优质的二次能源，有关数据显示，电力消费占总能源消费的比重每上升 1%，全社会的能源效率提高 4%，也就提高了碳生产率，所以用电力消费来减少不可再生能源煤炭的消费；为实现从低效高碳到高效低碳的转变，技术创新力度越来越大，其投入指标用科学研究与试验发展（R&D）经费支出来衡量。碳减排强调低碳的同时，也强调了其经济性，各省份从其自身利益出发，势必会考虑其碳减排产出能力，所以对应四个方面的各要素投入，本章选取了四个指标作为措施层的衡量指标：因为“十一五”时期计划节能指标为 20%，所以通过 2010 年比 2005 年的单位地区生产总值能耗值的降低比率来考核减少碳排放的实际成效，通过测算能源利用效率，即单位能源消费产值来检验降低能源消费强度的实际成效，通过主要能源（标准煤）的实际储存量来检验调整能源消费结构的实际成效，通过测算碳排放生产率，即单位碳排放产值来检验加大技术创新的实际成效。

二　指标选取

对 DEA 模型的指标选取主要包括投入指标和产出指标两方面的选择，本章从不同地区出发，分别设立 4 个投入变量和 4 个产出变量，选择以下变量作为衡量碳减排效率的投入指标和产出指标：

碳减排的人力、物力、财力支出是投入变量，选择以下四项指标进行衡量：各地区废气治理设施数；各地区第三产业法人单位数；各地区电力消费总量；各地区科学研究与试验发展（R&D）经费支出额。

碳减排的实际成效作为产出变量，选择以下四项指标进行衡量：各地区“十一五”节能目标完成情况，相较于 2005 年的能耗降低率；各地区的单位能耗产值，即能源利用效率；以标准煤的储量代替各地区的主要能源储量；各地区的碳排放生产率，即单位碳排放产值。

三　数据收集和数据说明

（一）数据收集

本研究的各指标数据主要来源于 2012 年国家统计局、发改委、科技部等编的《中国统计年鉴》《中国能源统计年鉴》等的各地区统计文献。数据的统计年份为 2010 年，统计地区为全国 30 个省（上海煤炭储备量为 0，故除外）、自治区和直辖市，8 个指标变量，共计 240 个数据。

（二）数据说明

投入产出指标共有 8 个，决策单元个数为 30 个，大于投入产出指标个数之和的两倍，各指标数值均大于 0，符合 DEA 评价经验公式。为了使软件运行更顺畅，相关数据做了一些调整，最终均以保留两位小数的数值参与运算。

四　软件运行结果和解释

采用 DEAP 2.1 软件中的 CCR－DEA 模型，即不考虑规模收益的模型，以投入主导型为结果计算各地区的碳减排效率，结果见表 7－2。

表 7－2　**各地区投入指标的综合效率**

地区	次序	技术效率	地区	次序	技术效率
北　京	22	0.103	湖　北	21	0.109
大　津	11	0.233	湖　南	16	0.130
河　北	15	0.133	广　东	26	0.057
山　西	1	1	广　西	19	0.121
内蒙古	1	1	海　南	3	0.806
辽　宁	18	0.122	重　庆	10	0.235
吉　林	7	0.335	四　川	20	0.116
黑龙江	9	0.255	贵　州	5	0.419

续表

地区	次序	技术效率	地区	次序	技术效率
江　苏	25	0.059	云　南	12	0.214
浙　江	23	0.075	西　藏	1	1
安　徽	13	0.208	陕　西	8	0.292
福　建	17	0.127	甘　肃	6	0.350
江　西	13	0.208	青　海	2	0.984
山　东	24	0.070	宁　夏	1	1
河　南	14	0.145	新　疆	4	0.490

整体看来，2010年，在实现碳减排整体效率最优的各项举措中，全国碳减排的技术效率平均值为0.347，效率偏低。仅有山西省、内蒙古自治区、西藏自治区、宁夏回族自治区四个地区实现了投入最少产出最优的经济效应（技术效率=1），可以证实一个事实：这几个地区的自然环境和人口条件限制了其重工业的发展，经济较其他发达地区落后，但是其相应也落实了国家全面节能减排的号召，一方面做到了减排，控制了污染源，另一方面做到了节能，有效利用资源，所以其碳减排效率达到了最优。青海省技术效率为0.984，接近1，只要稍作技术改进，即可实现效率最优，海南省是旅游胜地，经济来源主要依靠旅游业和农业，其技术效率值为0.806，高于全国很多地区，说明其碳减排效率较为领先，对其资源配置稍作调整也有望实现投入最少产出最多。其余大部分地区的均值低于0.5，在0.2~0.4之中徘徊，需要参照优良地区进行每一项指标的大幅度调整方可实现最优。浙江省、山东省、江苏省以及广东省的技术效率值极其偏低，效率值均低于0.1，这也验证了这几个省份由于过于重视重工业发展，而忽视了环境污染，以及推崇低碳经济的理念，所以在其碳减排的过程中，虽然也有人力、物力、财力的投入，但是投入资源的配置不当以及采取的节能减排具体措施不到位导致了其碳减排效率达不到最优。这种现状有待进一步调整和改进。具体参照对象和参照过程见表7-3。

表7－3　　　被参照地区以及被参照次数统计表

参照地区	山西	内蒙古	西藏	宁夏
北　京		0.004	2.201	0.004
天　津			1.664	0.051
河　北		0.043	0.749	0.505
辽　宁		0.046	1.234	0.207
吉　林			1.458	0.226
黑龙江		0.084	1.48	0.056
江　苏		0.018	1.731	
浙　江		0.0001	1.782	
安　徽		0.101	1.381	0.075
福　建		0.005	1.638	
江　西			1.467	0.121
山　东		0.093	1.486	0.107
河　南		0.132	1.068	0.215
湖　北			1.710	0.057
湖　南		0.010	1.347	0.201
广　东		0.002	1.934	
广　西		0.009	1.233	0.011
海　南		0.001	1.589	
重　庆		0.017	1.434	0.167
四　川		0.064	1.409	0.097
贵　州		0.143	1.150	0.150
云　南		0.070	1.058	0.156
陕　西	0.076	0.072	1.408	
甘　肃		0.052	1.038	0.330
青　海			0.921	0.298
新　疆		0.193	0.538	
被参照总次数	1	21	26	19

本章选取的是投入主导型模型，表7－4、表7－5分别显示的是各地区投入指标、产出指标的目标值，即达到有效的值，如果是

DEA 有效单元（技术效率=1）则是原始值，无须进行调整。

表 7-4　　　　各地区投入指标的目标值

地区	废气治理设施数（套）	第三产业法人单位数（万个）	电力消费量（亿千瓦小时）	科学研究与试验发展（R&D）经费支出（亿元）
北京	129.25	3.424	53.822	3.623
天津	146.796	2.69	62	3.086
河北	949.941	3.016	357.72	9.679
山西	9517	14.3	1460	89.9
内蒙古	5183	10.56	1536.83	63.7
辽宁	578.21	2.953	208.925	7.154
吉林	377.044	2.864	153.469	4.789
黑龙江	581.863	3.312	190.376	8.237
江苏	174.05	2.841	63.331	3.757
浙江	83.823	2.73	36.918	2.696
安徽	689.544	3.389	224.361	9.364
福建	101.344	2.559	41.138	2.776
江西	233.903	2.584	96.36	3.597
山东	697.461	3.556	231.972	9.387
河南	1028.327	3.631	342.314	12.491
湖北	157.13	2.777	66.219	3.224
湖南	389.619	2.73	152.923	4.973
广东	100.147	2.982	42.792	3.039
广西	118.489	2.013	44.97	2.553
海南	77.875	2.441	33.85	2.442
重庆	384.203	2.844	147.093	5.171
四川	527.835	3.101	179.754	7.284
贵州	1000.889	3.692	325.71	12.573
云南	625.368	2.795	214.519	7.842
西藏	46	1.53	20.41	1.5
陕西	1161.938	4.003	250.655	13.541

续表

地区	废气治理设施数（套）	第三产业法人单位数（万个）	电力消费量（亿千瓦小时）	科学研究与试验发展（R&D）经费支出（亿元）
甘肃	769.38	3.062	281.483	8.667
青海	450.835	2.244	181.818	4.81
宁夏	1370	2.8	546.77	11.5
新疆	1022.808	2.857	306.921	13.074

表7－5　**各地区产出指标的目标值**

地区	“十一五”节能目标完成情况，比2005年降低（%）	单位能耗产值/能源利用效率（万元/吨标准煤）	主要能源煤炭储量（亿吨）	碳生产率/单位碳排放产值（万元/吨标准煤）
北京	26.59	1.72	3.79	2.823
天津	21	1.313	2.97	2.155
河北	20.11	0.758	60.59	1.243
山西	22.66	0.45	844.01	0.73
内蒙古	22.62	0.52	769.86	0.85
辽宁	20.01	1.049	46.63	1.72
吉林	22.04	1.205	12.4	1.977
黑龙江	20.79	1.215	68.17	1.994
江苏	21.189	1.36	14.23	2.232
浙江	21.39	1.39	0.49	2.281
安徽	20.36	1.152	81.93	1.89
福建	19.766	1.28	4.06	2.1
江西	20.04	1.18	6.74	1.937
山东	22.09	1.239	77.56	2.033
河南	20.12	0.966	113.49	1.585
湖北	21.67	1.351	3.3	2.217
湖南	20.43	1.116	18.76	1.831
广东	23.262	1.51	1.89	2.478
广西	15.22	0.97	7.74	1.592

续表

地区	"十一五"节能目标完成情况，比2005年降低（%）	单位能耗产值/能源利用效率（万元/吨标准煤）	主要能源煤炭储量（亿吨）	碳生产率/单位碳排放产值（万元/吨标准煤）
海南	19.09	1.24	0.9	2.035
重庆	20.95	1.177	22.49	1.932
四川	20.31	1.162	54.37	1.906
贵州	20.06	1.017	118.46	1.667
云南	17.41	0.908	62.47	1.49
西藏	12	0.78	0.12	1.28
陕西	20.25	1.17	119.89	1.919
甘肃	20.26	0.936	58.05	1.535
青海	17.04	0.808	16.22	1.325
宁夏	20.09	0.3	54.03	0.49
新疆	10.815	0.52	148.31	0.853

表7-4中的各项投入指标显示，全国有4个地区（山西、内蒙古、西藏、宁夏）的四项碳减排投入量最优化，原始数据经DEA模型的效率分析后，技术效率值为1，结果理想，保持原有投入量，即废气治理设施的投资合理，第三产业法人单位数设置恰当，电力消费量控制到位，科学研究与试验发展（R&D）经费投资到位。而其他26个地区的四项投资额均参照优化地区做了部分调整，碳减排效率较高的地区，以青海省为例，原始数据跟调整后的数据相比，四项指标投入均投资冗余，废气治理设施数由原来的981套下调为现在的451套，投资设施数减少了530套，第三产业法人单位数由原来的2.28万个下调为现在的2.244万个，单位数减少了0.036万个，电力消费量也超出了283.362（465.18～181.818）亿千瓦小时，科学研究与试验发展（R&D）经费支出额也超出5.09（9.9～4.81）亿元。技术效率较低的地区，以江苏省为例，由于其效率极低，所以调整幅度偏大，四项投资冗余偏大，废气治理设施数由原来的11631套下调为现在的175套，

投资设施数减少了11456套，第三产业法人单位数由原来的47.93万个下调为现在的2.841万个，单位数减少了45.089万个，电力消费量也超出了3801.039（3864.37~63.331）亿千瓦小时，科学研究与试验发展（R&D）经费支出额也超出854.143（857.9~3.757）亿元，可以看出江苏省的碳减排资源投资极不合理，造成了严重的资源浪费现象，通过参照其他优化地区，大幅调整，即可达到效率最优。其他的24个地区以此类推，也做了相应变化。

表7-5中的各项产出指标显示，全国有4个地区（山西、内蒙古、西藏、宁夏）的四项碳减排产出量最优化，原始数据经DEA模型的效率分析后，技术效率值为1，结果理想，保持原有产出量，即在各项投资高效的情况下，“十一五”节能目标顺利完成，能源利用效率达到最优，主要能源煤炭储量合理，碳排放生产率也达到了最高。而其他26个地区的四项投资额均参照优化地区做了部分调整，使得四项产出量有所提升。碳减排效率较高的地区，以青海省为例，原始数据跟调整后的数据相比，两项产出指标“十一五”节能目标和主要能源煤炭储量保持不变，能源利用效率由原来的0.392万元/吨标准煤提高到了0.808万元/吨标准煤，提高了0.416万元/吨标准煤，碳排放生产率也相应提高了0.686（1.325~0.639）万元/吨标准煤。技术效率较低的地区，以江苏省为例，由于其效率极低，所以调整幅度偏大，四项投资冗余偏大，规避浪费现象之后，两项产出量有所提升，“十一五”节能目标较2005年降低至21.189%，降低了0.739%，碳排放生产率也提高了0.013（2.232~2.219）万元/吨标准煤。其他的24个地区以此类推，也做了相应变化。

表7-6　北京市投入、产出指标所对应的投入值、产出值的调整结果

北京	原始值	投入指标的松弛变量取值	产出指标的松弛变量取值	DEA有效的目标值
“十一五”节能目标完成情况，比2005年降低（%）	26.59	0	0	26.59

续表

北京	原始值	投入指标的松弛变量取值	产出指标的松弛变量取值	DEA 有效的目标值
单位能耗产值/能源利用效率（万元/吨标准煤）	1.72	0	0	1.72
主要能源煤炭储量（亿吨）	3.79	0	0	3.79
碳生产率/单位碳排放产值（万元/吨标准煤）	2.8	0	0.023	2.823
废气治理设施数（套）	2468	-2214.302	-124.448	129.25
第三产业法人单位数（万个）	33.31	-29.886	0	3.424
电力消费量（亿千瓦小时）	809.9	-726.646	-29.432	53.822
科学研究与试验发展（R&D）经费支出（亿元）	821.8	-737.323	-80.854	3.623

表7-6中，以北京市为例，因为其综合效率不为1，即没有达到最优效率，所以要参照其他地区（内蒙古、西藏和宁夏）进行投入产出指标的调整，表中投入指标的松弛变量取值，即投入冗余值，产出指标的松弛变量取值，即产出不足值。为了达到产出最优状态，四个投入指标分别做了相应调整：废气治理设施数减少了2214套，第三产业法人单位数也减少了29.886万个，电力消费量减少了726.646亿千瓦小时，科学研究与试验发展（R&D）经费支出也减少了737.323亿元，以此来保证三个产出指标值［“十一五”节能目标完成情况，比2005年降低（%）；单位能耗产值/能源利用效率（万元/吨）标准煤；主要能源煤炭储量（亿吨）］保持原值并达到最优，并让碳生产率又提高了0.023万元/吨标准煤。其他25个地区调整相似，在此不再赘述。由此可见，DEA模型的效率评估，不仅可以对比地区效率差异，还可以参照效率高的地区调整效率低的地区，使得效益显著，即投入最少产出最大以实现低碳经济节能减排的目标。

第八章　碳减排潜力及其退耦分析

第一节　碳减排潜力及其理论分析

我国作为二氧化碳排放大国，具有多大的二氧化碳减排潜力是国内外学者普遍关注的话题。所以在此测算我国二氧化碳减排潜力的大小是相当有意义的。二氧化碳减排潜力研究理论基础是选取最优情况作为参照对比值，通过计算出其他情况与最优情况的差距，从而得出现有生产力水平下的碳减排潜力。

在本书上一章中测算了各行业能源强度，并且行业间能源强度差异较大，但由于各个行业的生产方式、行业产品、行业服务对象和行业产权属性都不相同，所以不同行业间的比较取优显然缺乏说服力。所以本章选取同行业不同地区的数据进行对比分析，从而得出行业二氧化碳减排潜力。在本章引入能源效率的概念，即单位能源消耗标准煤量所对应的产出增加值，与能源强度存在倒数关系。能源效率测算方法如公式（8-1）、公式（8-2）：

$$\eta_{i\kappa} = \frac{y_{i\kappa}}{e_{i\kappa}} \tag{8-1}$$

$$\eta_i = \frac{Y}{E} = \frac{\sum_{\kappa=1}^{30} y_{i\kappa}}{\sum_{\kappa=1}^{30} e_{i\kappa}} \tag{8-2}$$

公式（8－1）和公式（8－2）中 $\eta_{i\kappa}$ 表示第 i 行业第 κ 地区能源效率，其他字母表示意思与上面相同。本章研究范围不含西藏、台湾以及香港和澳门特别行政区。

某行业提高能源效率的最大潜力为：

$$p_i = 1 - \frac{\eta_i}{\eta_m} = 1 - \frac{\sum_{\kappa=1}^{30} y_{i\kappa}}{\sum_{\kappa=1}^{30} e_{i\kappa}} / \frac{y_{im}}{e_{im}} \tag{8-3}$$

公式（8－3）中 $\frac{y_{im}}{e_{im}}$ 表示第 i 行业能源效率最高省市的能源效率值。我国各省市某行业节能减排潜力为：

$$p_{i\kappa} = 1 - \frac{\eta_{i\kappa}}{\eta_m} = 1 - \frac{y_{i\kappa}}{e_{i\kappa}} / \frac{y_{im}}{e_{im}} \tag{8-4}$$

以目标省市某能源效率与实际各省市能源效率的差距计算的节能减排潜力，不仅是我国工业当前技术水平下可能实现的潜力，而且在实现节能减排潜力的同时能够起到能源资源合理、有效配置。

第二节　各省市分行业碳减排潜力测算

由于工业中制造业，电力、煤气及水生产和供应业，采掘业的能源强度都较高，同时由于数据缺乏的原因，本章将三个行业看作是一个整体，忽略工业内的行业结构问题，选取工业为二氧化碳减排潜力研究的主要研究对象。

一　各省市工业能源消费合理性分析

本章选取我国 2009 年各地区能源消耗指标、产业地区总产值和研究目标行业（工业）能源消耗指标、各地区工业产值为研究对象，数据来源为 2009 年《中国统计年鉴》（见表 8－1、图 8－1）。

表8－1　2009年地区工业标准煤消耗及应产值占全国工业的比重

地区	各地工业产值占全国工业产值比重	各地工业标准煤消耗占全国工业消耗比重	比重差值
北京	0.015	0.007	0.008
天津	0.023	0.012	0.011
河北	0.051	0.084	－0.033
山西	0.022	0.056	－0.034
内蒙古	0.029	0.056	－0.027
辽宁	0.044	0.055	－0.011
吉林	0.019	0.017	0.002
黑龙江	0.023	0.017	0.006
上海	0.034	0.018	0.016
江苏	0.105	0.064	0.041
浙江	0.067	0.042	0.025
安徽	0.026	0.03	－0.004
福建	0.032	0.021	0.012
江西	0.02	0.019	0.001
山东	0.107	0.092	0.015
河南	0.063	0.094	－0.031
湖北	0.033	0.043	－0.01
湖南	0.031	0.027	0.004
广东	0.115	0.051	0.064
广西	0.018	0.023	－0.005
海南	0.002	0.003	－0.001
重庆	0.019	0.019	0
四川	0.036	0.045	－0.009
贵州	0.008	0.019	－0.011
云南	0.013	0.02	－0.007
西藏	0	0	0
陕西	0.022	0.017	0.005
甘肃	0.008	0.015	－0.005
青海	0.003	0.005	－0.002
宁夏	0.003	0.012	－0.007
新疆	0.01	0.017	－0.007

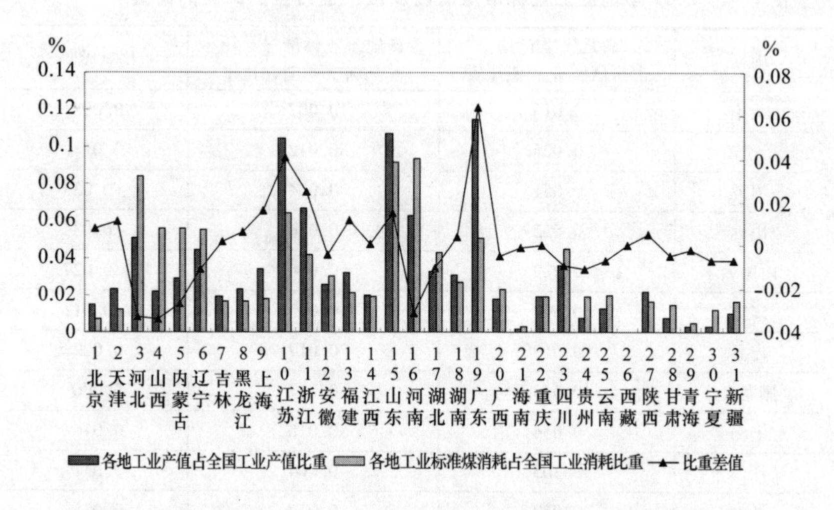

图 8－1　2009 年各地区工业标准煤消耗及应产值占全国工业的比重

从图 8－1 中不难发现，各地区工业的标准煤消耗占全国工业标准煤消耗比重与各地区工业产值占全国工业产值比重之间还是存在差异的。这说明有的地区工业能源消耗是高效的，即较少的工业标准煤消耗量可以带来较大的工业产值；与之相反，有的地区能耗相对是低效的，即较大的工业标准煤消耗量只能带来较小的工业产值；还有些地区的工业标准煤消耗占全国工业标准煤消耗比重与各地区工业产值占全国工业产值比重大体一致。

本章对各地区工业能源消耗比重和产值比重情况进行聚类分析。系统聚类分析在聚类分析中应用最为广泛。凡是具有数值特征的变量和样品都可以通过选择不同的距离和系统聚类方法而获得满意的数值分类效果。系统聚类法就是把个体逐个地合并成一些子集，直至整个总体都在一个集合之内为止。

对原始数据的矩阵进行变换处理主要是由于不同的指标或者不同的变量一般都有各自不同的数量级单位和量纲，为了使不同量纲、不同数量级的数据能放在一起进行比较，通常需要对数据进行变换处理。主要有以下几种处理方法：中心化变换、规格化变换、标准化变换、对数变换等。本章中采用标准化转换。该方法主要是对变量的属性进行变换处理。

首先对数据列进行中心化处理，然后再运用标准差给予标准化，即：

$$x'_{ij} = (x_{ij} - \overline{x_j})/S_j \tag{8-5}$$

$$\overline{x_j} = \sum_{i=1}^{n} x_{ij}/n \tag{8-6}$$

$$S_j = \sqrt{\frac{1}{n}\sum_{i=1}^{n}(x_{ij} - \overline{x_j})} \tag{8-7}$$

通过变化处理之后，每列数据的平均值为0，方差为1。使用标准差进行标准化处理后，在抽样样本改变时仍然保持相对的稳定性。

研究变量或样本之间亲疏程度的数量指标共有两种：一种叫作相似系数，性质越接近的样本相似系数越接近于1或者-1，而彼此无关的样本之间的相似系数则接近于0，在进行聚类处理时，比较相似的样本归为一类，不相似的样本归为不同类；另一种则是距离，它是将每一个样本看成是 m 维空间的一个点，在这 m 维空间中定义距离，距离较近的点归为同一类，距离较远的点则归为不同类。

目前已经有大量的相似系数和距离，Mocre（摩格利）曾经列出了40多种，但在数值分类中比较常用的却是少数。对原始观测数据的矩阵X，DPS数据处理系统的聚类分析功能模块提供了以下几种相似系数距离：欧氏距离、绝对值距离、切比雪夫距离、兰氏距离、马氏距离和卡方距离。

本章中选用卡方距离法进行计算：

$$d_{ij} = \sum_{k=1}^{m}\{(x_{ik} - e_{ijk})^2/e_{ijk} + (x_{jk} - e_{jik})^2/e_{jik}\} \tag{8-8}$$

$$e_{ijk} = (x_{ik} - x_{jk})T_i/T_{ij} \tag{8-9}$$

$$T_i = \sum_{k=1}^{m} x_{ik} \tag{8-10}$$

$$T_{ij} = T_i + T_j \tag{8-11}$$

卡方距离比绝对值距离等常用距离系数具有更强的分辨能力。

系统聚类法的基本算法是将 n 个样本各自分成一类，先计算 $n(n-1)/2$ 个相似性测度，并且把具有最小测度的两个样本合并成两个元素的类，然后按照某种聚类方法计算这个类和其他 $n-2$ 个样本之间的距离大小，就这样一直持续下去。在并类过程中，每一步所做的并类都要使测度在系统中保持最小，这样每次都减少一类，直至所有样本都归为一类为止。

在系统聚类中，设第 1 次所并两类的距离为 D_1，第 2 次合并的两类距离为 D_2，以此类推下去，如果满足 $D_1 \leqslant D_2 \leqslant \cdots$，则称并类距离具有单调性。并类距离的单调性符合系统聚类法的基本思路，但是由于选择的聚类方法不同，因此不一定所有的方法都满足单调性的要求。常用的系统聚类方法包括最短距离法、最长距离法、中间距离法、重心法、类平均法、可变类平均法、可变法、离差平均法和加权平均法九种。

各种聚类方法的并类原则和步骤是完全一样的，不同之处在于类与类之间的距离存在着不同的定义方法，从而才能得到不同的递推公式，Wishart（威沙特）首先提出了统一公式的概念，从而为编制统一的计算程序提供了很大的方便性和可操作性。

设 G_p 与 G_q 并类为 G_r，即 $G_r = \{G_p, G_q\}$，则 G_r 与任一类 G_k 的距离为：

$$D_{kr}^2 = a_p D_{kp}^2 + a_q D_{kq}^2 + \beta D_{pq}^2 + \gamma \left| D_{kp}^2 - D_{kq}^2 \right| \tag{8-12}$$

式中：系数 a_p、a_q、β、γ 对不同的聚类方法有不同的取值，其中离差平方和法为：

$$a_p = \frac{n_i + n_p}{n_j + n_r},\ a_q = \frac{n_i + n_q}{n_i + n_r},\ \beta = \frac{n_i}{n_i + n_r},\ r = 0 \tag{8-13}$$

本章中以我国工业能效情况为研究对象，将各省市分为工业高能效省市、工业较高能效省市、工业较低能效省市和工业低能效省市四大类，这样有利于对我国工业能效情况进行分类统计，以便区别对待。

从图8－2、图8－3和表8－2中不难发现，工业高能效省市为经济发达、制造业发展水平较高的城市，说明这些省市的工业生产工艺先进、科技水平较高、人力资源素质较高、注重节能环保。河北、山西、河南、内蒙古等地工业能源效率低下，对节能减排缺乏足够的观注，同时由于生产设备落后和生产方式过于粗放导致其能源效率较低，这些省市应加大对节能减排的投入。

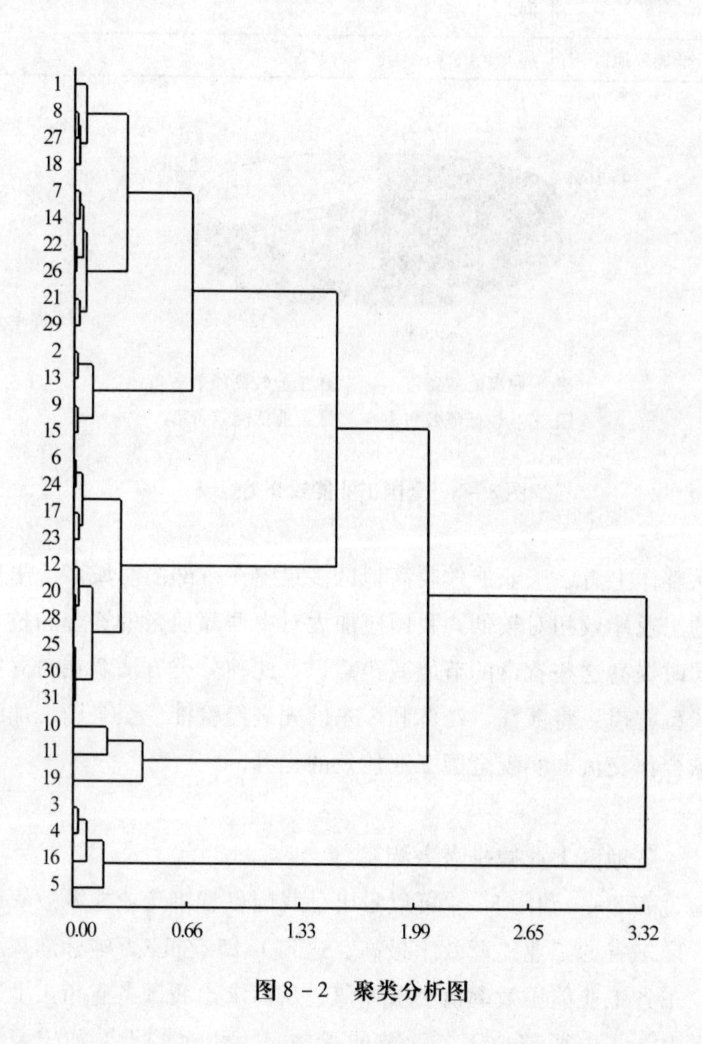

图8－2　聚类分析图

表 8－2　工业能耗效率地区分类

地区能效分类	地　区
工业高能效地区	浙江、江苏、广东
工业较高能效地区	北京、吉林、黑龙江、天津、上海、重庆、山东、福建、海南、西藏、青海、江西、湖南、陕西
工业较低能效地区	安徽、广西、四川、云南、甘肃、宁夏、新疆、辽宁、贵州、湖北
工业低能效地区	河北、山西、河南、内蒙古

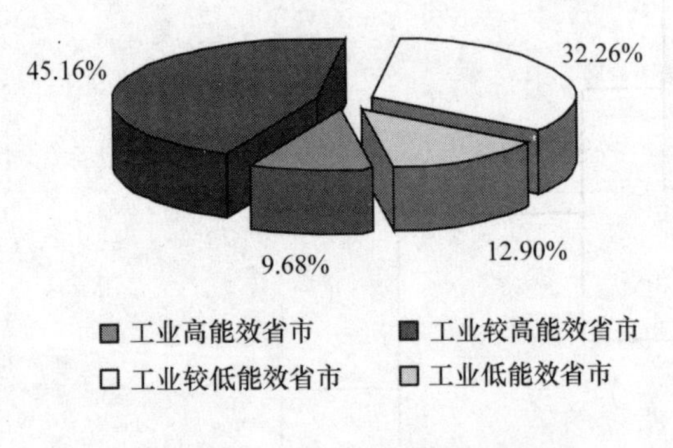

图 8－3　全国工业能效分类组成

从整体上看，工业能效较高地区多集中在东部沿海城市，中西部地区的工业能效相对较低，我国应加大对中西部地区的资金和技术投入，同时提高这些省市的节能减排意识。此种分类方法意在树立能源高效典型省市，将浙江、江苏和广东的先进经验推广至全国，加强省际间的合作交流，实现全国工业能效的提升。

二　各地区工业减排潜力测算

通过表 8－3 和图 8－4 可以看出，我国各省市工业能源效率差异巨大，广东省的工业能源效率最高，达到 1.15 亿元/万吨标准煤，故选取广东省工业能源效率值为参照值，从而求出我国各省市工业节能减排潜力。其中西部地区工业节能减排潜力相对较大，如宁夏、甘肃、贵州等地，而上海、北京、天津等地的工业节能减排潜力相对较小。从而可以看出，我国工业发展水平并不均衡，对中西部地区工业的技术、人力和财力都投入不足。同时，我国工业总体节能减排潜力达到45.9%，也就是说，根据现有的工业发展水平，依据工业能效最高省市（广州）的经验和方法，我国工业至少可以完成我国的二氧化碳减排承诺，即单位GDP二氧化碳等温室气体减排40%～45%，这无疑增强了我国完成节能减排工作的信心。

表8-3　**各地区工业节能减排潜力**

地区	各地区工业能源效率（亿元/万吨标准煤）	各地区工业节能减排潜力（%）
北京	0.964320154	16.2
天津	0.949667616	17.5
河北	0.301659125	73.8
山西	0.204708291	82.2
内蒙古	0.238663484	79.2
辽宁	0.412201154	64.2
吉林	0.50530571	56.1
黑龙江	0.527704485	54.1
上海	1.043841336	9.3
江苏	0.790513834	31.3
浙江	0.846023689	26.5
安徽	0.427715997	62.8
福建	0.847457627	26.4
江西	0.515198351	55.2
山东	0.588928151	48.8
河南	0.324780773	71.8
湖北	0.37327361	67.6
湖南	0.504286435	56.2
广东	1.150747986	0
广西	0.428265525	62.8
海南	0.383288616	66.7

续表

地区	各地区工业能源效率（亿元/万吨标准煤）	各地区工业节能减排潜力（%）
重庆	0.474833808	58.7
四川	0.40371417	64.9
贵州	0.231320842	79.9
云南	0.351246927	69.5
陕西	0.49776008	56.7
甘肃	0.24691358	78.5
青海	0.30835646	73.2
宁夏	0.140252454	87.8
新疆	0.333444481	71.0
全国	0.622355	45.9

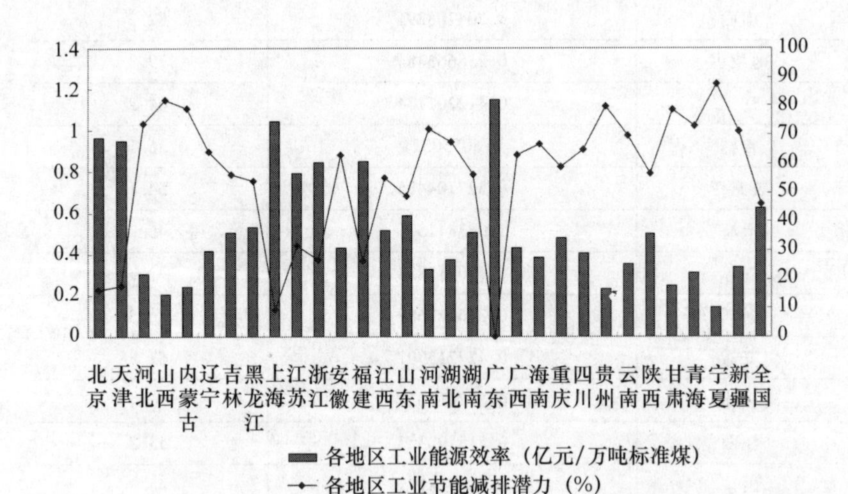

图8-4　各地区工业能源效率及减排潜力

三　各省市工业减排潜力测算结果分析

本章在上一小节中测算了各省市的工业减排潜力，发现我国具备很大的减排潜力，但以广东的能源效率为参考值测算新疆、宁夏、甘肃等地的工业减排潜力有失公平。由于各省之间地理条件、人文环境、气候条件都有差异，很难达到所有省市能源效率的一致。本章按照地理位置将我国各省市分为六大区域，进行同区域内的比较，测算工业减排潜力。其中：华北地区包括北京、天津、河北、山西和内蒙古，华中地区包括河南、湖南和湖北；东北地区包括辽宁、吉林和黑龙江；华东地区包括上海、江苏、浙江、安徽、福建、江西和山东；西南地区包括重庆、四川和贵州；西北地区包括陕西、甘肃、青海、宁夏和新疆。

我国几大区域工业减排潜力测算结果见表8－4。

表8－4　　**我国几大区域工业减排潜力**　单位：亿元/万吨标准煤

华北地区	工业能源效率	工业减排潜力	华中地区	工业能源效率	工业减排潜力
北京	0.964320154	0.00%	河南	0.324780773	35.60%
天津	0.949667616	1.52%	湖北	0.37327361	25.98%
河北	0.301659125	68.72%	湖南	0.504286435	0.00%
山西	0.204708291	78.77%			
内蒙古	0.238663484	75.25%	华南地区	工业能源效率	工业减排潜力
			广东	1.150747986	0.00%
东北三省	工业能源效率	工业减排潜力	广西	0.428265525	62.78%
辽宁	0.412201154	21.89%	海南	0.383288616	66.69%
吉林	0.50530571	4.24%			
黑龙江	0.527704485	0.00%	西南地区	工业能源效率	工业减排潜力
			重庆	0.474833808	0.00%
			四川	0.40371417	14.98%
华东地区	工业能源效率	工业减排潜力	贵州	0.231320842	51.28%
上海	1.043841336	0.00%			
江苏	0.790513834	14.98%	西北地区	工业能源效率	工业减排潜力
浙江	0.846023689	51.28%	陕西	0.49776008	0.00%
安徽	0.427715997	59.02%	甘肃	0.24691358	50.40%
福建	0.847457627	18.81%	青海	0.30835646	38.05%
江西	0.515198351	50.64%	宁夏	0.140252454	71.82%
山东	0.588928151	43.58%	新疆	0.333444481	33.01%

从表8-4中可以看出，几大区域内，各省工业能源效率也是存在差异的。例如东北地区，辽宁、吉林和黑龙江三省地理位置、人文环境和气候条件差异较小，以黑龙江工业的能源效率为参照值，测算出辽宁和吉林工业的减排潜力是相对有说服力的。由此得出的各区域内各省工业减排潜力更符合地区的实际情况，更具备可行性。

四 各省市第三产业减排潜力测算

工业作为二氧化碳排放重点行业具有较大的减排潜力，那么第三产业二氧化碳排放强度较低，排放效率很高，是否还具有节能减排潜力呢？下面我们对我国第三产业二氧化碳排放潜力进行测算，方法与工业减排潜力测算方法相同。其中，第三产业包括交通运输、仓储和邮政业，批发和零售业，住宿和餐饮业，其他行业和生活消费。经由上章节验证，北京市能源效率较高，同时北京统计年鉴数据较为充实，故选取北京市的第三产业能效为参照值（见表8-5、图8-5）。数据来源为《中国统计年鉴》《北京统计年鉴》。

表8-5　2002—2008年我国第三产业减排潜力

年份	全国第三产业平均能源效率（亿元/万吨标准煤）	北京市第三产业能源效率（亿元/万吨标准煤）	全国第三产业减排潜力（%）
2002	1.316054398	2.23499438	41.12
2003	1.304221667	2.470093458	47.20
2004	1.316395482	2.498290598	47.31
2005	1.390482345	2.529994267	45.04
2006	1.500341052	2.741558259	45.27
2007	1.76358288	3.028290437	41.76
2008	1.816082828	3.208504118	43.40

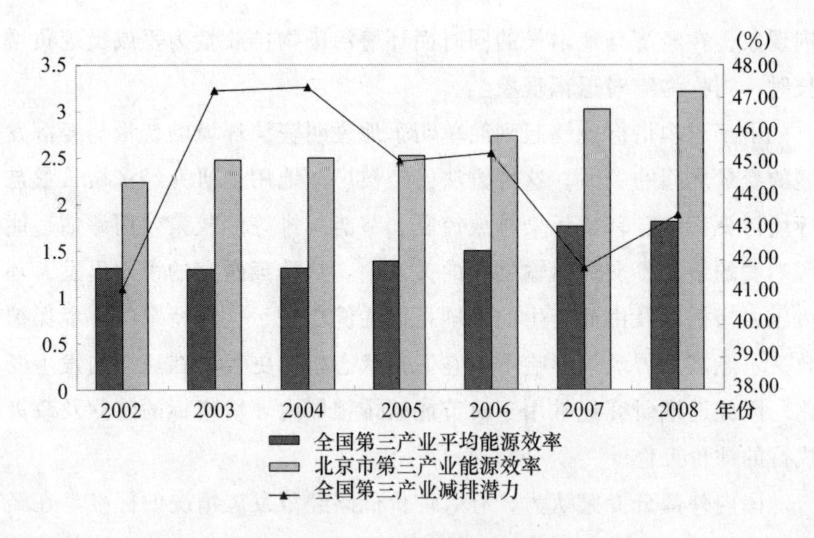

图 8-5　全国第三产业能源效率及减排潜力

从表 8-5 和图 8-5 中可以看出，2002—2008 年间我国第三产业平均能源效率和北京市第三产业能源效率都呈现出上升的趋势，同时我国第三产业平均能源效率和北京市第三产业能源效率的差距也相对稳定。全国第三产业以北京市为参照城市测算出的二氧化碳减排潜力在 41.12% ~47.31% 之间，在我国现有的第三产业发展水平下，全国参照先进城市经验同样可以完成单位 GDP 二氧化碳等温室气体减排 40% ~45% 的承诺。

第三节　碳减排潜力的退耦指数分析

一　碳减排退耦指数概念及计算方法

在这里我们引入“退耦”这一概念，“退耦”最早出现在物理学领域中，是指采取有效措施去除信号间的相互干扰。2000 年，国际经济合作与发展组织（OECD）将其引入到有关农业政策的研究领域中，后来又应用在对环境质量优劣的评价中。环境保护研究领域的“退耦”概念主要反映的是驱动力与污染物压力在同一时期的增长弹性变化情况，当经济增长速度快于环境污染物增长速度时称为相对退耦现象，在经济高速增长的同时而环境污染物排放量为零或出现负增长时，则称为绝对退耦现象。

由于退耦指标能够起到简单明了地说明资源环境的变量与经济发展的变量之间的关系，这种方法已经被广泛地用于研究经济增长量与环境污染程度、环境污染排放控制、节能减排等的政策效用评估、能源消费的情况、交通运输之间的关系中。从政策研究的视角出发，环境压力指标以及由此产生的退耦指标的优势在于，在特定的环境保护政策、经济发展政策影响下，它们比状态指标更容易在短期内发生变化，因此退耦研究经常用于对节能减排领域内环境指标的建立及政策执行的评价工作。

国内外部分专家认为，有效评价低碳经济发展情况的标准是在经济增长的情况下，二氧化碳气体排放量呈现出减少的态势，这种想法过于理想化。节能减排目前还是一个比较相对的概念，不能简单地将其绝对化，向低碳经济转型其实就是经济增长与二氧化碳气体排放量之间不断进行退耦的过程，即二氧化碳气体排放量增长速率慢于经济发展的增长速率。

退耦研究的具体测度为退耦指数：

$$D = E/F \tag{8-14}$$

其中：D 为退耦指标；E 为我国二氧化碳排放量增长速率；F 为我国总产值增长速率。

当 $D \geqslant 1$ 时，表示的是强退耦效应，说明通过各种二氧化碳减排政策、措施及其执行所得到的实际的二氧化碳减排贡献大于或者等于经济增长速率提高带来的二氧化碳排放量的增加。D 值越大，说明二氧化碳减排效果越明显，行业结构、能源消费结构得到很好的优化，能源强度有显著的降低，进一步说明资源的利用效率越高，单位产出的资源环境压力得到了有效的缓解。即既有的二氧化碳减排的政策和措施是有效的且效率是较高的。

当 $0 < D < 1$ 时，表示的是弱退耦效应，说明随着工业化的深入，资源利用效率和能源效率得到提高，已经采取的政策、措施及行动对降低二氧化碳排放量起到了一定的改善作用，二氧化碳排放量增

长速度得到了一定控制，以高能源消耗带来经济增速的方式得到了改善，大气环境压力在一定程度上得到缓解。但是，在二氧化碳的绝对量上减排量要小于经济增长带来的二氧化碳排放量增加，因此总的二氧化碳排放量还在不断增加，二氧化碳减排政策、措施及行动等有效性和效率值还不能够得到保证。

当 $D \leqslant 0$ 时，表示的是没有退耦效应，说明我国实际的二氧化碳减排政策、措施及行动严重缺乏有效性，以至于远远没有达到二氧化碳减排的目的，换句话说，这些二氧化碳减排政策措施和行动尚且不能很好地实现优化行业结构、提高能源消费效率及降低能源强度的目的，因而二氧化碳排放量仍然处于快速上升的状态。此时，资源的利用率很低下，环境质量仍然在不断恶化，经济增长引起的环境压力不断增大。

二　我国碳减排退耦指数现状

通过退耦公式进行计算，得出 2006—2008 年间我国年退耦数值分别为 0.62、0.33、0.43。通过这组数值可以发现，2006—2008 年间退耦指数为 $0 < D < 1$，说明我国近年来随着工业化的逐步深入，各行业从资源粗放型向资源密集型转变，资源利用效率和能源效率得到一定程度的提高，已经采取的环境保护政策、措施及行动对降低我国行业二氧化碳排放量起到了一定的改善作用，二氧化碳排放量增长速度得到了一定控制，以高消耗、高排放为代价所带来的经济增速的方式得到了改善，大气环境压力在一定程度上得到缓解。但是，在二氧化碳绝对量上减排量要小于经济增长带来的二氧化碳排放量增加，因此总的二氧化碳排放量还在不断增加，二氧化碳的减排政策、措施等有效性和效率还不能得到保证。

三　我国各省市碳排放与经济增长的退耦分析

此处引入碳排放退耦指数来分析我国各省市碳排放总量增长速度与各地经济增长速率之间的关系，评价各省市碳减排情况。基于碳排放总量和地区生产总值，可以得到 2005—2012 年中国各省市碳排放的退耦指数（见图 8－6、表 8－6）。从而可以看出，一方面，大部分省市 2005—2012 年各年的退耦指数 D_{in} 在 0～1 范围内，即存在弱退耦效应，表明随着经济发展，各省市的碳减排政策实施工作不断推进，能够使得本省市的减排压力得到一定缓解，但是现有的减排政策措施对构建低碳社会工作的推动不是强而有力的。简单地讲，现有碳减排政策措施及其实施所减少的碳排放量，小于由经济发展所消耗物质而产生的碳排放增量。因此，各省市还需要制定并执行减排高效的政策措施。另一方面，2005—2012 年新疆、宁夏两个地区的退耦指数普遍小于0。除了 2007/2008 年宁夏的退耦指数均小于 0，宁夏碳排放与经济发展之间不存在退耦效应，表明宁夏的碳减排政策的制定及实施并没有为本地区带来减排贡献，碳减排的压力巨大，所以宁夏地方政府应从其能源结构、能源强度、行业结构等碳排放影响因素方面找出原因，转变经济发展模式，从而达到构建低碳社会的目标。新疆，作为西北地区的一自治区，2008/2009 年退耦指数为－0.939，反映出这一年新疆的碳减排的压力突增，如果不实施科学有效的碳减排政策措施，新疆将面临严峻的环境问题。而 2009/2010 年退耦指数为正，2010/2011 年和 2011/2012 年退耦指数为负，根据其退耦指数几年的变化趋势，发现新疆的碳减排压力相对来说是巨大的，亟须有效的政策保障。根据内蒙古地区退耦指数变化情况，其碳减排压力呈

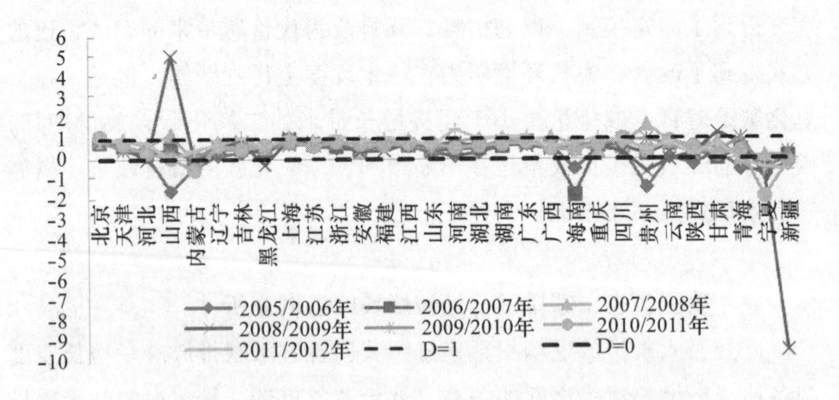

图 8－6　2005—2012 年中国各省市退耦指数变化趋势

现逐渐减轻的趋势。从年份方面看，2011/2012 年退耦指数大于或等于 1 的省市最多，这表明在中央政府低碳经济总政策的指导下，各地区更加重视发展科学低碳社会。

碳减排是一个过程，碳减排政策的制定及实施和产生的效果也需要一个时间过程，碳减排目标的实现程度是基于某一时间段内碳减排相关政策及措施等努力的结果。所以分阶段分析各省市的退耦指数，能够更加科学有效地评价总体碳减排政策的有效性。2009 年哥本哈根世界气候大会召开并商讨了《京都议定书》一期承诺到期后 2012 年至 2020 年全球减排问题。我国提出了“争取到 2020 年中国单位 GDP 二氧化碳排放将比 2005 年下降 40% ~45%”的目标，并随后制定了大量的减排政策、措施，提出“低碳经济”概念。因此，本书将分析 2005/2009 年、2009/2012 年和 2005/2012 年三个阶段的各省市退耦指数，结果如表 8 - 6 所示。研究发现，除内蒙古、宁夏和新疆三个地区，全国其他省市三个阶段的退耦指数均处于 0 ~1 之间，即存在弱退耦效应，且 2009/2012 年阶段的退耦指数大于 2005/2009 年阶段的，这表明我国在哥本哈根世界气候大会后对碳减排工作加大了力度，各省市制定减排政策措施发展低碳经济，碳减排压力在一定程度上得到缓解，但是目前减排政策措施及其实施的效率不高，有效性得不到保证。2005/2012 年阶段的退耦指数结果，能够反映 2005 年至 2012 年间我国各省市总体的碳减排工作情况，说明也是有弱退耦效应。

表 8 - 6　　**分阶段各省市退耦指数 C_{in} 计算结果**

地区	2005/2009 年			2009/2012 年			2005/2012 年		
	C_{in}	Y_{in}	D_{in}	C_{in}	Y_{in}	D_{in}	C_{in}	Y_{in}	D_{in}
北京	454	5184	0.91	-142	5726	1.02	311	10910	0.97
天津	683	3616	0.81	1428	5372	0.73	2111	8988	0.77
河北	4825	7223	0.33	4699	9340	0.50	9523	16563	0.43
山西	1733	3128	0.45	4032	4755	0.15	5765	7882	0.27
内蒙古	6509	5835	-0.12	6556	6140	-0.07	13065	11976	-0.09

续表

地区	2005/2009 年			2009/2012 年			2005/2012 年		
	C_{in}	Y_{in}	D_{in}	C_{in}	Y_{in}	D_{in}	C_{in}	Y_{in}	D_{in}
辽宁	3127	7165	0.56	3508	9634	0.64	6636	16799	0.60
吉林	1115	3658	0.70	1619	4660	0.65	2735	8319	0.67
黑龙江	1772	3073	0.42	1908	5105	0.63	3680	8178	0.55
上海	420	5799	0.93	738	5135	0.86	1158	10934	0.89
江苏	3503	15859	0.78	5152	19601	0.74	8655	35460	0.76
浙江	2756	9573	0.71	1131	11675	0.90	3887	21248	0.82
安徽	2732	4713	0.42	1527	7149	0.79	4259	11862	0.64
福建	1897	5682	0.67	1441	7465	0.81	3338	13147	0.75
山东	7702	15530	0.50	5958	16117	0.63	13661	31646	0.57
河南	3769	8893	0.58	1722	10119	0.83	5491	19012	0.71
湖北	2066	6371	0.68	2659	9289	0.71	4725	15660	0.70
湖南	1359	6464	0.79	1258	9095	0.86	2617	15558	0.83
广东	3653	16925	0.78	2729	17585	0.84	6382	34511	0.82
广西	1062	3775	0.72	2460	5276	0.53	3522	9051	0.61
海南	899	735	-0.22	459	1201	0.62	1358	1937	0.30
重庆	1439	3062	0.53	931	4880	0.81	2369	7942	0.70
四川	3275	6766	0.52	722	9722	0.93	3997	16488	0.76
贵州	1339	1907	0.30	1400	2940	0.52	2739	4847	0.43
云南	1385	2707	0.49	819	4140	0.80	2204	6847	0.68
陕西	3067	4236	0.28	4007	6284	0.36	7074	10520	0.33
甘肃	680	1454	0.53	1376	2263	0.39	2056	3716	0.45
青海	485	538	0.10	458	812	0.44	943	1350	0.30
宁夏	1008	741	-0.36	2093	988	-1.12	3101	1729	-0.79
新疆	2533	1673	-0.51	3565	3228	-0.10	6097	4901	-0.24

我国的经济正处于发展的关键时期，离不开大量的能源消费，相应地就会带来碳排放总量不断上升的问题。通过研究发现，我国各省市的碳减排潜力、减排压力由于其能源利用效率、碳排放总量及经济发展模式的不同而不尽相同。

具体来讲，东北老工业区的减排空间较大，减排压力相对较大，应加快老工业区发展模式的改造，推动其产业结构等的转变，引进节能减排技术，加大发展低碳经济相关政策实施的力度。而西北、华北地区煤炭产量较高的省市碳减排潜力较大，减排压力次于东北老工业区，这与这些地区的能源消费结构、技术投入等碳排放影响因素有较大的关系，地方政府应当注重节能减排政策措施的实施效率，确保相关政策执行的有效性，从而达到减排目标。总体上，虽然自世界气候大会后我国已经制定并实施了许多节能减排政策发展低碳经济，碳减排压力得到一定缓解，并不断向减排目标接近，但我国各省市的节能减排工作都没能确保政策实施的有效性，碳排放与经济增长之间存在弱退耦效应，甚至是没有退耦效应。我国各省市应当加大节能减排力度，确保减排政策的效率。

第四节　研究结论与政策建议

本章从我国各行业的能源效率角度出发，同时由于工业占国民经济比重较大，故以工业为主要研究对象，计算出不同省市工业的能源效率，同时对我国各地区工业能效做出差别分类，工业高能效省市经济发达、制造业发展水平较高，说明这些省市的工业生产工艺先进、科技水平较高、人力资源素质较高、注重节能环保。河北、山西、河南、内蒙古等地工业能源效率低下，对节能减排缺乏足够的重视，同时由于生产设备落后和生产方式过于粗放导致其能源效率较低，这些省市应加大对节能减排的投入。工业较高能效省市为北京、吉林、黑龙江、天津、上海、重庆、山东、福建、海南、西藏、青海、江西、湖南、陕西。工业较低能效省市为安徽、广西、四川、云南、甘肃、宁夏、新疆、辽宁、贵州、湖北。从整体上看，工业能效较高地区多集中在东部沿海城市，中西部地区的工业能效相对较低，我国应加大对中西部地区的资金和技术投入，同时提高这些地区的节能减排意识。此种分类方法意在树立能源高效典型省市，将浙江、江苏和广东的先进经验推广至全国，加强省际间的合作交流，实现全国工业能效的提升。

这为之后研究行业二氧化碳减排潜力提供了可能，以最优工业能源效率省市为参照省市，通过潜力模型计算出不同地区同行业的减排潜力。同时，由于各省市地理条件、人文环境等差异，将我国各省市分为华北地区、华南地区、东北地区、西南地区、西北地区、华中地区六大区域，并以各大区域中工业能效最优值作为参照值，测算区域内各省市的碳减排潜力，这样测得的工业减排潜力更符合实际情况。

实证分析工业和第三产业二氧化碳减排潜力均在40%~48%之间。说明我国在现有水平下，其他省市以最优省市的发展模式进行改进是完全有能力完成减排任务的。同时，近年来我国退耦值在0.5左右，说明随着工业化的逐步深入，行业从资源粗放型向资源密集型转变，资源利用效率得到一定程度的提高，但是在二氧化碳绝对量上减排量要小于经济增长带来的二氧化碳排放量增加，因此，总的二氧化碳排放量还在不断增加，二氧化碳的减排政策、措施等有效性和效率还不能得到保证。

第九章　碳排放权交易基本理论分析

大气对碳排放的容纳能力是有限的，所以将其作为公共物品。当碳排放超过了大气对碳排放的自净能力的时候将会体现出很强的负外部性，影响人们的正常生活。通过国家和市场的共同作用使碳排放合理化，能源利用高效化，从而构建良好的生活环境。

第一节　碳排放权与碳排放权交易

一　碳排放权与碳排放权交易

（一）碳排放权

随着气候变化，异常天气现象频发，碳排放作为污染物排放的其中一个分支越来越受到人们的广泛关注。为了控制大气中二氧化碳的浓度，减缓全球变暖，更为有效地配置大气二氧化碳容量这种稀缺资源，我们可以追溯庇古提出的著名的“庇古税”，他主张对排污企业进行惩罚性收费或奖励。之后，科斯在对“庇古税”进行批评的基础上阐述了科斯定理，他认为应该采用初始产权界定的方式解决外部性问题。Dales（戴尔斯）提出排污权概念，并将科斯定理运用到水污染量的控制中。

Montgomery（蒙哥马利）证明在一定的条件下，排污权交易市场的均衡是存在的，并且在竞争均衡中整个区域都达到了联合成本的最小化。Hahn（哈恩）认为在不完全竞争市场中，初始排污权分配会影响排污权交易的效率，并指出对于竞争性企业而言，排污权的最终持有量与初始排污权分配量无关。Atkinson（阿特金森）和 Tietenberg（迪埃坦伯格）认为导致这个问题的一个主要原因是排污权交易过程的性质；另一个主要原因是由于进行排污权交易的厂商的数目较少而导致市场不完善。Stavins（斯塔文斯）指出，一个完整的排污权交易制度应该包括：总量控制目标；排污许可；分配机制；市场定义；市场运作；分配与政治性问题；监督与实施；与现行法律制度的整合。Jung（荣格）和 Krutilla（格鲁迪亚）等人拓展了 Milliman（米丽曼）和 Prince（普瑞斯）所做的工作，他们通过计算总利润后得出的结论是排污权拍卖为污染治理技术提供了最大的激励。

由以上研究可知，大部分成果都集中在排污权交易是否有效和初始排污权如何分配的问题上，而对排污权交易的二级市场却很少涉及。目前，我国在这一领域的研究大多停留在对国外经验的介绍和对国内政策的设计上，还没有形成全面系统的研究框架。

（二）碳排放权交易

当大气中可容纳二氧化碳排放量作为一种稀缺资源而成为商品时，会比一般的商品更具有交换价值。在工业革命之后，由于人类大量燃烧化石燃料而获取能量的同时排放出大量的温室气体，导致地球“温室效应”增强，由此引起明显的全球气候变化。如全球变暖、海平面升高、异常天气状况增多、植物多样性减少，大自然自净能力在不断下降，生态环境面临着重大威胁。

首先，大气中可容纳二氧化碳排放量的多元价值难以同时得到体现，导致了它的稀缺性。在一定的时间和空间中，大气中可容纳二氧化碳排放量不能同时满足人类的经济发展和健康生活的需要，从而产生了两者之间的矛盾和冲突。其次，人类向大气中排放二氧化碳的数量超过了大气对二氧化碳的吸收能力，使其不能保持在适合的浓度范围内，这是全球变暖的重要原因之一。

同时，大气中可容纳二氧化碳排放量作为公共物品，具有典型的“公地的悲剧”。在人类社会中，每家企业或者说每个个人都是在追求企业或者个人利益最大化。大气环境作为公共物品是免费的，这里不是说我们从大气中拿走什么，而是指我们向大气中排放二氧化碳等温室气体。所以在碳排放权是无偿使用的时候，企业或个人先想到的总是企业的盈利或个人的发展。

二　碳排放权交易的一级市场

碳排放权交易的主要困难在于其市场平台的搭建和价格机制如何在其中发挥作用。碳排放权作为一种特殊的商品，它的交易和价格形成必须考虑其自身的特殊性。

碳排放权交易的主要矛盾体现在碳排放者与大气环境使用者地位的非对等性。大气环境是公共物品，其使用者和碳排放者的负外部性在不经意中发生，只有在全球变暖、异常天气状况频发的时候，人们才会意识到。发达国家和发展中国家对于碳减排方案也各有各的观点，很难达成有效的协议。

国家政府作为碳排放权的初始所有者，可以根据往年的碳排放量和预计下一年 GDP 增长所需要增加的碳排放量结合全国年计划减排比例，计算出下一年全国二氧化碳预计总排放量。根据各行业的自身碳排放特点和各地区碳排放差异，制定出符合其特点的不同碳排放权收费标准。凡在生产中有碳排放的企业或单位必须向国家购买本企业或单位下一年需要碳排放量的碳排放权，没有购买碳排放权的企业或单位无权从事与碳排放相关的生产，企业或单位碳排放量超出购买碳排放量的部分将按比例没收生产物品并给予惩罚或勒令该企业或单位停产。

从表 9－1 中不能看出各地区碳相关废气排放情况，第 3 类的地区碳相关废气排放最多；第 4 类地区碳相关废气排放次之；第 2 类地区碳相关废气排放再次之；第 1 类地区碳相关废气排放最少。从图 9－1中可以看出，中国碳相关排放地区占大多数，但多为经济不发达地区，工业生产落后。

表 9－1　**2008 年各地区碳相关废气排放情况**　单位：亿立方米

地区	工业废气排放总量	燃料燃烧	生产工艺	分类
北京	4316	2737	2579	1
天津	6005	21478	2737	2
河北	37558	9643	21478	3
山西	23180	6471	9643	4
内蒙古	20190	10385	6471	4
辽宁	40219	2002	10385	3
吉林	6155	1531	2002	1
黑龙江	7796	6397	1531	1
上海	10436	9072	6397	1
江苏	25245	6143	9072	4
浙江	17633	8881	6143	4
安徽	15749	3833	8881	4
福建	9150	3248	3833	1
江西	7456	15344	3248	2
山东	33505	8912	15344	3
河南	20264	7367	8912	4
湖北	11558	5064	7367	1
湖南	9249	7308	5064	1
广东	20510	5721	7308	4
广西	11643	241	5721	1
海南	1345	3588	241	1
重庆	7351	6367	3588	1
四川	12997	2943	6367	1
贵州	6842	4370	2943	1
云南	8316	—	4370	—
西藏	13	3797	—	—
陕西	9706	2488	3797	1
甘肃	5685	2549	2488	1

续表

地区	工业废气排放总量	燃料燃烧	生产工艺	分类
青海	3237	1949	2549	1
宁夏	4403	1924	1949	1
新疆	6154	2579	1924	1

Number of Cases in each Cluster

Cluster	1	17.000
	2	2.000
	3	3.000
	4	7.000
Valid		29.000
Missing		2.000

图 9－1 分类统计

结合以上图表，我们提出可以对第 1 类、第 2 类地区购买碳排放权的企业或单位给予较低的碳排放权价格和相对宽松的碳排放政策，以促进这些地区的经济发展，促进东西部地区共同发展。对第 3 类、第 4 类地区的企业或单位提出较高的碳排放权报价，促进这些地区的企业或单位更新排放处理系统，提高能源利用率。

三　碳排放权交易二级市场

对于企业或单位碳排放量超出购买碳排放量的部分，或者本年中新入行的企业想要扩大生产增加或投入生产，那就需要在碳排放权交易的二级市场进行企业或单位间的碳排放权买卖。

由于碳排放权这种资源具有特殊性，故采用双方叫价拍卖模型来研究碳排放权二级交易市场的价格问题。这里我们采用查特金和萨米尔森的模型来研究碳排放权二级交易市场的价格问题。

假设有一个卖者和一个买者决定是否成交 1 单位排污权，且买者和卖者处在不同行业中。卖者提供排污权的成本是 c，$c = MAP_1 + R$，

这里 MAP_1 是卖者的边际治理成本；R 为行业利润机会损失，超量排放企业获得排污权后，便可从事相关的生产活动，产品的供给增加会给企业造成 R 的利润损失，这也构成供给排污权的成本。由于不同行业生产的产品之间存在着三种不同的关系，故 R 也存在着三种不同的形式：（1）两种产品之间不存在着任何关系，$R=0$。（2）两种产品之间存在替代效用，$R=\omega R_{\tau}$。ω 代表两种产品之间的单位替代率，R_{τ} 代表同行业中两企业生产同种产品，产品的供给增加会给企业造成 R_{τ} 的利润损失。（3）两种产品之间存在互补效用，$R=-R_L$。R_L 代表卖方出售给买方每单位碳排放权所生产出的产品给卖方所带来的利润增加量。为了简化推导，设 c 服从［0，1］的均匀分布。该碳排放权对卖者的价值是 v，$v=MAP_2$，MAP_2 是买者的边际治理成本，设 v 服从［0，1］的均匀分布，显然 $MAP_2\geqslant MAP_1$。卖者和买者同时选择要价 P_S 和出价 P_B，如果 $P_S\leqslant P_B$，双方选择 $P=\frac{P_S+P_B}{2}$，成交，卖者的效用是 $u_s=\frac{P_S+P_B}{2}-c$，买者的效用是 $u_B=v-\frac{P_S+P_B}{2}$；如果 $P_S\geqslant P_B$，交易失败，双方的效用为0。假设信息是不完全的，因此只有卖者知道 c，买者知道 v，分布函数是共同知识。在这个贝叶斯博弈中，卖者的要价 P_S 是 c 的函数 $P_S(c)$，我们去线形要价战略 $P_S(c)=\alpha_s+\beta_s c$，则 P_S 在［α_s，$\alpha_s+\beta_s$］上均匀分布；买者的要价 P_B 是 v 的函数 $P_S(v)$，$P_S(v)=\alpha_B+\beta_B v$，同理 P_B 在［α_B，$\alpha_B+\beta_B$］上均匀分布。

（1）在卖者最优的情况下有：

$$Max_{P_S}\left[\frac{1}{2}(P_S+E[P_B(v)\mid P_B(v)\geqslant P_S])-c\right]P\{P_B(v)\geqslant P_S\}$$

（2）在买者最优的情况下有：

$$Min_{P_S}\left[\frac{1}{2}(P_S+E[P_B(v)\mid P_B(v)\geqslant P_S])\right]P\{P_B\geqslant P_S(c)\}$$

且有：$P\{P_B(v)\geqslant P_S\}=\frac{\alpha_B+\beta_B-P_S}{\beta_B}$

$$E[P_B(v)\mid P_B(v)\geqslant P_S]=\frac{1}{2}(\alpha_B+\beta_B+P_S)$$

将上述等式代入卖者的目标函数，则有：

$$Max_{P_S}\left[\frac{1}{2}(P_S+\frac{\alpha_B+\beta_B+P_S}{2})-c\right]\frac{\alpha_B+\beta_B-P_S}{\beta_B}$$

最优化的一阶条件意味着：

$$P_S=\frac{1}{3}(\alpha_B+\beta_B)+\frac{2}{3}c$$

同理，可以得到买者的报价函数为：

$$P_B=\frac{1}{3}\alpha_S+\frac{2}{3}v$$

结合原报价和要价函数可得均衡战略为：

$$P_S(c)=\frac{1}{4}+\frac{2}{3}(MAP_1+R)$$

$$P_B(v)=\frac{1}{12}+\frac{2}{3}MAP_2$$

结合假设，并定义 $R_L=MAP_2-MAP_1R_L=MAP_2-MAP_1$ 为碳排放权交易的利润，模型的结果表明：当且仅当 $P_B(v)\geqslant P_S(c)\Rightarrow MAP_2\geqslant MAP_1+R+\frac{1}{4}\Rightarrow R_L\geqslant R+\frac{1}{4}P_B(v)\geqslant P_S(c)\Rightarrow MAP_2\geqslant MAP_1+R+\frac{1}{4}\Rightarrow R_L\geqslant R+\frac{1}{4}$时，碳排放权交易才能进行。从这个模型得出的结论可以看出，碳排放权的卖者只有尽量更新技术，优化结构，减少治理成本才能从碳排放权的交易中获得更多的利润。

四　结论

构建节能减排的社会需要国家的宏观调控来构建碳排放权交易的一级市场，同时在碳排放权交易的二级市场，企业或单位在市场经济的引导下，通过相互买卖碳排放权来达到技术创新，提高能源利用率，更新碳排放处理设备，从而实现节能减排的目的。

第二节　碳排放权初始分配方法与问题分析

极端气候现象的频繁出现以及日益严峻的气候问题，迫使人们不得不关注经济活动给人类社会的生存带来的危害。为了有效减缓气候变化对人类社会可持续发展目标的威胁，积极有效地控制二氧化碳的排放量刻不容缓。排污权交易理论的提出、发展与实践，为低成本高效率地解决环境污染、气候变化等问题提出了理论指导，同时又为不再制约经济的发展提供了可能。我们在深入研究排污权交易理论以及对比初始排污权分配的方法基础上，结合目前尚未形成市场化机制的国内排污权交易市场的发展情况，融合目前金融产品在排污权交易领域内发展的衍生品种及创新的金融服务，为国内及早构建成熟的多元化的排污权交易市场提出建议。

一　碳排放权初始分配问题的产生

伴随着人类社会物质财富的急剧增加，长期对自然资源的过度开发和利用对环境所造成的危害已经逐渐显现。以气候变暖、海平面的上升为主要特征的全球气候变化，以及由此引发的各种生态灾难、极端气候现象等问题已经成为人类生存与发展所面临的最大危机。由二氧化碳为主形成的温室气体是造成气候变化的主要原因之一，正在处于经济快速发展的中国的碳排放量远远高于世界平均水平，作为一个有责任有担当的大国，除了为国内人民营造良好、健康的生活环境外，我们也坚决履行在国际上做出的减排承诺。温室气体排放给气候变化造成的不利影响促使人们尝试各种控制和削减温室气体的方法。大气是我们的公共物品资源，它的恶化会给地球造成灾难，同时也是一种容纳空间有限的稀缺性资源，对于公共而又是有限的免费资源，在“理性经济人”利益最大化的追求下，导致人们无节制地争夺使用大气资源，造成“公地悲剧”。对于公共资源的治理也是难上加难，不可避免地产生“搭便车”的现象，即一部分人为改善大气环境做出努力，其产生效益也可使他人坐享其成。在总结前沿理论及实践经验的基础之上，人们逐渐认识到碳交易对控制和削减温室气体排放的重要作用。排污权交易的方法已经被世界多国成功地应用于治理环境污染，有效地减少了污染物排放的同时也促进了经济的发展。排污权交易思想是1968年由加拿大学者 Dales 首先正式提出的。他认为，所谓排污权交易就是运用市场经济的规律及环境资源所特有的性质，在环保部门的监督下，各个持有排污许可指标的单位在各种与交易有关的政策、法规的约束下所进行的交易活动。也即在建立合法的污染物排放权利的基础上，政府或有关管理机构作为社会的代表及环境资源的所有者，把排放污染物的权利分配或以拍卖的方式出售给排污者，并允许这种权利像商品那样被买卖。排污者将按有关的污染权规定，进行污染物排放，或者在持有污染权的排污者间进行这种权利的有偿交换与转让，以此来进行污染物的排放控制。排污权交易通过合理设计的排污权的分配来校正环境污染行为，并利用市场机制在不影响经济发展的同时降低治理污染的成本提高治理污染的效率，它在控制环境污染方面兼有环境质量保障和成本效率的特点，是总量控制目标下最具潜力的环境政策。

排污权的初始分配是开展排污权交易的前提和基础。根据传统微观经济学理论和科斯产权理论，在无摩擦的完全竞争市场条件下，排污权市场的效率与其初始分配方式无关，即只要市场交易成本为零，排污权的初始分配不影响排污治理效率，所以早期的大多数学者在排污权交易理论的讨论中忽视了初始排污权的分配问题。以空气污染为例，只要产权是明确的，当交易成本为零时，无论是工厂拥有排污权还是居民拥有不受污染的权利，外部性都无法存在，或者外部性总可以通过市场机制消除。所以，此时外部性存在的原因是交易成本的存在，一切产权确定条件下事实存在的外部性问题都应归结为交易成本。但是随着排污权交易理论与实践的不断发展，西方的一些经济学家开始对排污权的初始分配问题重视起来，并进行了这方面的探讨。从 20 世纪 80 年代开始，随着我国排污权交易试点工作的展开，国内学者也开始了这方面的研究，初始排污权分配问题正逐渐被越来越多的国内外学者关注。

二　碳排放权初始分配方法比较分析

初始排污权的分配是排污交易机制的一级市场，其政策目标是确定排放总量，公平地分配初始排污权，建立政府主导的一级市场，即所谓的基于公平目标的排污指标一级市场分配。初始排污权总量的多寡和分配方式可能会制约着一个区域的发展，初始权分配过程也是一个地区总量削减和产业结构调整的有效手段，所以初始权分配不仅是一个单纯的环境问题，也是一个政治和经济问题。建设具有中国特色的排放权交易市场，需要我们深入研究国外排放权交易理论和实践，消化吸收，转化成适合中国国情的排放权交易机制，尽管国情和基础条件不同，但是都需要遵循相同的市场内在规律。现实的市场环境几乎不可能达到经济学家假设的完全竞争环境，一级市场排污权的初始分配不仅影响二级排污权市场交易效率也影响国家治理环境的成果，因此选择合适的排污权分配方式对改善环境状况来说至关重要。对初始排污权的分配，美国国会在《清洁空气法》中提出了三类分配方式：免费分配、公开拍卖和标价出售。

所谓免费分配，是指由管理当局按照一定的标准来无偿分配许可证配额，这样使得企业在无须付出任何成本的情况下反而增加一笔可观的资产。“理性经济人”可以通过衡量用来生产产品还是直接在碳交易市场上出售来处置这部分排污权使得企业的利益最大化。因此，免费分配方法在理论上最易被企业接受，在实践中也最易推行。目前，理论界讨论免费分配方式主要考虑经济最优性、分配的公平性以及分配方式对二级交易市场的影响。赵文会等构建了用于免费分配的极大极小模型，该模型基于效用最优性和分配公平性，同时兼顾了各地的环境质量状况、环境容量、排放基数、削减能力等综合因素的原则，给出了初始分配的极大极小模型。考虑到现实的效益函数并非都是可微函数的情况，在兼顾经济效益与公平性的同时可以根据政府的偏好对二者的权数进行权衡。该模型与以往模型相比，考虑到了总量分配中的环境和经济发展等因素，同时可以依据不同的需求对经济最优性和公平性进行权衡，而且可以解决实际问题不可避免的可微性，更具有实践价值。李寿德、黄桐城根据机制设计原理，在 Lewis（雷易斯）等对排污权交易厂商分类的假定和 Stavins（斯塔文斯）对排污权交易成本函数假定的基础上，建立了使期望社会福利最大化的初始排污权分配模型，并分析了免费分配的决策机制问题。李寿德、黄桐城基于经济最优性、公平性和生产连续性原则，构建了初始排污权免费分配的一个多目标决策模型，通过求解该模型的Kuhn-Tucker条件，可以得到既体现经济最优性又充分考虑分配公平性和生产连续性的全局最优解，即为初始分配的最佳方案。聂力运用博弈模型分析了免费分配方式下，市场参与者围绕碳排放权的分配额度进行协商的博弈困境，提出坚持“共同但有区别”的碳排放权的分配原则。围绕政策的动态一致性，利用斯塔科尔伯格动态博弈模型探讨免费分配方式下碳排放权分配政策的设计。

免费分配方式，虽然理论上最易被厂商所接受，也是目前世界上大多数国家采用的初始分配方式，但是却不公平。它有悖于市场经济的基本原则，使企业缺乏减少排污量的动力和压力，难以达到控制污染、改善环境的效果。更有部分企业，为了后期得到更多的排污权配额，致使本该淘汰的机器设备继续使用，不利于排污技术的提高以及社会效益最大化。环境资源属于公众，每个人都有享受清新、健康环境的权利，如果把排放权免费分配给排污企业对广大民众而言是不公平的，至少应当体现“谁污染，谁治理”的理念。Rose（罗斯）和Stevens（斯蒂芬）指出，免费分配方案导致了效益损失；在分配效应上排污企业所有者占有了全部的稀缺性价值，而社会公众没有得到相应的补偿；从长期看，免费分配也在总体上降低了企业的生产能力，并且在一定程度上妨碍竞争。欧盟排放权交易体系第一阶段排放权采取的是把排放权免费发放给企业，并且电力行业发放过多，导致电力行业并没有用排放权抵免实际排放量，而是把排放权放到市场上出售，牟取暴利。

公开拍卖是初始分配的另一种模式，与免费分配相比，公开拍卖制度增加了企业的财务成本，部分企业不愿接受此种分配政策。尽管如此，公开拍卖却是一种具有更高分配效率的初始排污权分配的方法。排污权初始分配是否合理直接影响排污权市场的总量以及二级市场交易的活跃程度，如果分配得不合理可能导致市场无效情况的出现。定价过低，必然失去对低污、无污企业的激励作用；定价过高，又会妨碍排污权交易市场的有效运行。Cramton（克兰普顿）和Kerr

（克尔）认为在排污权初始分配时，拍卖比免费分配效率更高，排污权拍卖能为市场上可交易的排污权提供一个明确的价格信号，减少交易成本，提高交易效率。肖江文、罗云峰等利用一级密封价格拍卖的博弈分析方法对公开拍卖的政策进行了研究，得出：投标人越多，卖者能得到的价格就越高；当投标人趋于无穷大时，卖者几乎得到买者价值的全部。

污染边际处理费用高但经济效益也高的排污企业会为得到适量的排污权出高价得标，而污染边际处理费用较高且经济效益低的排污企业将逐步被淘汰。但是，采取公开拍卖的方式也可能使单位排放规模小的企业不得不出高价竞争排污权，此时，真正的减排任务有相当一部分比例落到了污染边际处理费用较高的企业身上，这不利于社会经济效益的最大化。而且，如果在所有情况下都对初始排污权进行拍卖，则有可能增加实施排污权交易制度的阻力，难以达到预期的环境治理效果。虽然排污企业排放了污染气体，但是这些企业也为社会提供了就业机会，缴纳了税收，生产了社会需要的产品，所以应对具体情况具体分析。如果污染物对环境的损害不大而且局限在一个较小的范围之内，则可以考虑免费发放部分排污权。

标价出售，即所谓的明码标价，是最能直接体现环境资源价值的一种分配方式。胡民运用运筹学领域的影子价格法对排污权交易市场中排污权的初始定价以及交易中的市场出清价格的形成机制进行了分析，指出通过影子价格可以为政府在初次分配排污权时寻求定价提供依据，从而达到企业目标和社会目标相一致。但是，如果所有的排污权配额都采用标价出售的方法，不但会因厂商的拒费心理遭到阻碍，也可能会出现一些厂商超额排放的现象。而且，考虑到资金占用成本的问题，部分厂商可能最小限度地购买排污权，这样即使厂商更换设备、提高生产技术也没有足够的排污权配额来激活二级排污权市场交易，进而导致二级市场的活跃程度不够。

三　碳排放权初始分配中存在的问题与对策

公开拍卖以及标价出售都是对环境污染外部性的内部化，是对扭曲的市场价格的纠正，同时也有利于增加财政收入。但是，作为“理性经济人”的厂商们更愿意接受免费分配方式，试点初期应实行免费分配，不仅有利于厂商接受也有利于政策的推行。如果排污权一开始全部公开拍卖或者标价出售，势必会增加一些企业的财务成本，导致个别企业的正常经营出现问题。除此之外，不排除一些实力雄厚的企业高价购买排污权囤积居奇，或者为排挤同行业的新进入者购买远远超过实际需求量的排污权，这样就扰乱了市场的正常运转。所以，排污权的初始分配最好是由免费分配然后逐步过渡到部分公开拍卖或标价出售的政策上。初始排污权的有偿分配，最能够直接体现资源的稀缺性，是企业生产的负外部性的内部化，企业购买排污权的费用是企业为污染环境付出的代价，这符合“谁污染，谁治理”的公平性原理。初始排污权的定价是一个非常复杂和重要的问题，排污权定价的合理性直接影响排污权交易参与者的积极性，同时也影响着国家治理环境问题的成效。

排污权交易在我们国家还是刚刚起步，遇到了种种政策上与技术上的难题，例如排污权总量的确定、排污权初始分配的方法以及排污量检测等。尽管如此，目前理论上还是取得了启发性的理论成果，试点工作也已展开。自从 2009 年杭州首次启动排污权交易以来，杭州市排污权交易额目前已经超过 7900 万元。湖南省对试点范围内的 1100 多家企业分配核定了初始排污权，其中有近 900 家企业缴纳有偿使用费，累计收缴有偿使用费 4500 万元，缴费企业比率达到 80%。湖南省有偿使用制度建设、有偿使用普及率和收费总量在全国处于靠前位置。上海环境能源交易所统计的 2013 年上海碳交易市场的变动情况如图 9 - 2 所示。基于我国复杂的国情以及区域经济及行业结构的差异性，目前我国还没有出台全国统一的排污权初始分配政策，而是各个省市根据各自范围内环境污染状况、经济发展等因素自己制定适合本省市的初始分配政策。广东省政府首批纳入碳排放权管理的企业涉及电力、钢铁、石化、水泥等行业，共 242 家，2013—2014 年的碳排放权有偿配额比例为 3%，免费分配配额比例为 97%，2015 年二者比例分别为 10% 和 90%。上海在试点阶段，将 2013—2015 年各年度碳排放配额全部免费发放给企业。湖南省将在2015年1月1日起，对全省范围内的所有工业企业实施排污权有偿使用和交易。而深圳市尚未发布实施方案，未来深圳将按照国际惯例，在碳交易试点期，配额分配以免费分配为主，拍卖分配为辅，以后将逐步扩大拍卖的比例，逐步向完全拍卖过渡。

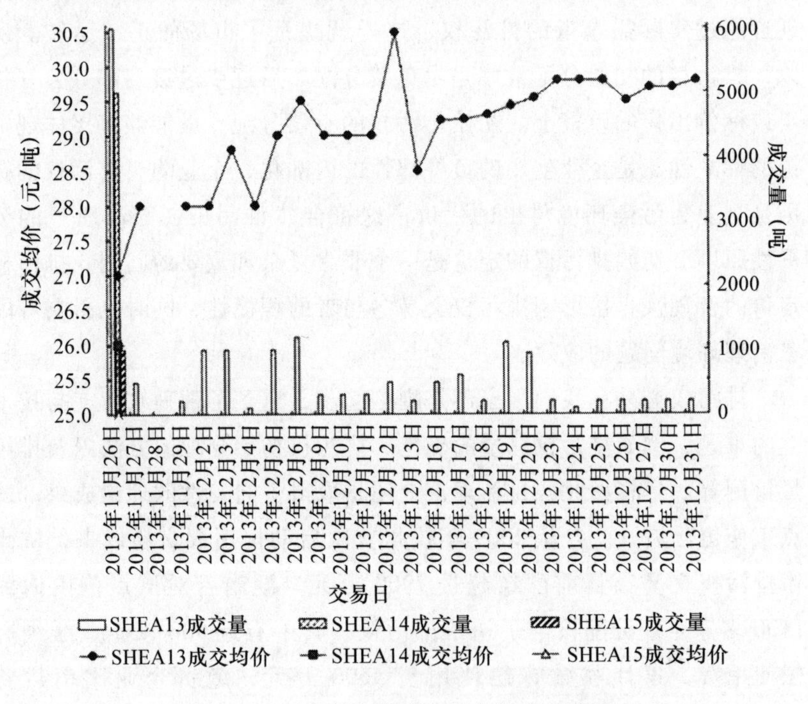

图9-2 2013年上海碳交易市场成交情况

从目前试点运行的七个省市的试点管理办法来看，对于碳排放配额的分配，老企业基本上都是以免费分配为主，对于新进入的企业排放权的配额需要进行购买，各个试点都在适时推行拍卖等有偿方式，但又呈现出各自的特点。北京市的特点是，配额分配方法分为“直接”与“间接”两个领域，“直接”领域里，主要包括热力供应、电力和热点供应；“间接”领域里，主要包括制造业和大型公共建筑。上海的特点是，大部分行业将按“历史排放量分配法”分配配额，而对部分有条件的行业，将按“行业基准线法则”分配配额。广东省的一个特色在于，特别指出了对新建固定资产投资项目碳排放配额的发放，“要对节能审查结果为年综合能源消费量1万吨标准煤及以上的新建固定资产投资项目进行碳排放评估，并根据评估结果和全省年度碳排放总量目标，免费或部分有偿发放碳排放权配额。此类项目是否获得与碳排放评估结果等量的碳排放权配额，可作为各级投资主管部门履行审批手续的重要依据”。天津市与广东省类似，在配额发放方面也考虑到了企业未来的发展计划。湖北省则在关于分配配额的表述中，特别提到了“淘汰落后产能”。

国外的排污权交易定价研究已经比较成熟，许多学者从多个方面，运用多种方法进行排污权初始分配的研究，我们应该积极借鉴。目前，排污权交易只是在我国部分城市进行了试点探索，交易数据比较少，尚未形成市场化机制，实际交易价格低于治理价格，没有体现排污权这种环境资源的稀缺性，交易与定价也主要由政府或当地的环境管理部门牵头，企业直接参与，交易价格的形成与交易行为的完成是企业点对点协商的结果，并没有形成统一、完整的市场价格机制，人为因素为主，波动较大。在初始阶段，一级市场的分配主要还是免费分配，在二级市场中应考虑企业的生产情况、减排成本、能源价格、政府政策的持续性和相应法律法规的完善等对价格的影响。初始排放权的理论研究模型虽然比较多，但是具体哪一个模型比较符合实际，或者创新的模型都需要结合实际情况进行探索，在摸索中前进，在前进中创新。随着国际经济及金融的发展，碳排放权与金融方面的联系越来越多，期权机制的引入就是一个成功的表现，施圣炜、黄桐城将期权理论引入排污权的初始分配问题中，研究结果表明，期权机制的引入，可以很好地调和市场不规范和厂商抗拒心理的两难境地。期权机制的引入，克服了拍卖和标价出售条件下厂商付费的抗拒心理以及对资金时间价值损失的担忧，确保了厂商合法排污的权利，同时又完全在市场机制下进行，有利于交易的进行和交易活跃度的提高。我国应完善支持低碳经济发展的融资服务，继续开发新的金融产品来调动企业参与节能减排的积极性，加快二氧化碳排放权衍生品的金融创新、碳权抵押贷款、绿色信贷等。目前，全国11个排污权有偿使用和交易试点省中，山西、浙江、湖南、陕西4个试点省已开展了排污权抵押贷款业务，并联合金融部门出台了相关政策。其中，浙江省232家企业通过排污权抵押，获得银行贷款35.10亿元，实现企业、政府、银行三方“共赢”。陕西省以省排污权交易中心为平台，以排污权抵押融资为核心，由兴业银行提供300亿元专项信贷资金，支持排污权市场建设，开展重点行业和重点项目的排污权抵押融资业务。此项金融服务的开展，解决了部分企业由于购买排污权占用资金导致企业资金运转受阻的困难。在总结国外理论与实践经验来探索中国式排污权交易初始分配问题时，必须牢牢结合我国的国情以及我国产业分布的特色，在不断地实践中创新具有我国特色的分配方法和定价模型，在改善环境状况的同时促进我国经济的发展。

第三节　碳排放权交易制度实施策略分析

一　近期以排放权交易制度作为减排政策的主体

目前，由于我国经济发展的状态，多数能源产品实行政府定价机制，其市场化的程度决定了碳税只能有限地运用，不宜把碳税作为二氧化碳减排政策的主体。在目前的条件下，采用排放权交易制度是一个很好的选择，碳税可以作为排放权交易制度的有益补充。

（一）建立以排放权交易制度为主体的减排政策体系

在我国实施碳排放权交易制度的过程中，为了给企业灵活性，排放权也可以允许储备和预支。同时，为了增加排放权交易制度的可行性，需要付出一些公平方面的代价，如将初始排放权免费分配给二氧化碳排放较多的大型企业。分配的依据可以是历史排放量水平，也可以是行业平均排放量水平。另外，复合排放权交易体系也是一个很好的选择。

（二）改革目前的能源定价机制

碳税是以能源产品的市场价格为基础的减排政策工具。但在我国多数能源产品实行政府定价的机制下，碳税的作用有限。碳税通过外部成本内部化来纠正对能源产品使用时所产生的负外部性，让能源使用的价格反映真实的社会成本，从而实现资源的优化配置。但是在我国，不仅外部成本没有内部化，内部成本也没有反映在价格之中。政府长期压低能源产品价格，造成了大量能源的廉价使用，虽然这样人为压低了国内产品生产成本，促进了国内的投资扩张和出口的快速增长，但也造成了资源利用效率不高和能源的过度需求。我国实现了经济的快速增长，但却是以严重的环境污染为代价的。在短期来看，经济增长较快，但却加大了长期经济增长的不可持续性。

若定价政策不改变，由垄断能源的企业集团与政府博弈定价的模式就不可能改变，虽然税收使得价格与边际社会成本更加接近，有利于资源的优化配置，但通过能源企业与政府的谈判改变定价使得这一效果被抵消。具有固定性的税收政策工具比不上灵活的谈判机制。因此笔者认为，要实现二氧化碳的减排，在我国非常迫切的任务是改变我国能源的定价机制。

（三）把碳税作为排放权交易体系的补充

在对大企业实施排放权交易的同时，对石化能源产品征收碳税。这里需要注意的是，如何处理碳税与排放权交易的关系。因为已经有一部分企业实施了排放权交易，那么可以将这部分企业排除在碳税影响的范围之外。排除方式有两种：第一种方式是制定退税政策，即能源生产企业或贸易企业在销售给加入排放权交易的企业时准予退税；第二种方式是碳税在最终消费环节征收，加入排放权交易的企业购买应税能源产品时不缴税，而其他企业和居民一律按既定税率征收。

二　长期考虑运用碳税代替排放权交易制度

相比排放权交易体系，碳税更简洁，管理成本、经济成本更低。如果我国能源市场的价格走向了市场化，那么实施碳税制度将会是更好的选择。在我国征收碳税要注意以下几个问题。

（一）碳税税率的确定

从目前各国的实践来看，在制定碳税的过程中，均以“标准—定价”为最基本的方法，即运用一定的规则选择一组可接受的环境质量标准，然后对二氧化碳的排放量征税，税收会提高相关商品的价格，从而起到抑制污染排放的效果，其税率的大小要求刚好达到事先选择的环境质量标准。我国在实施时需要在“标准—定价”方法基础之上，综合考虑各项已有的碳减排政策措施，计算出合适的碳税税率，然后根据实施的效果逐渐调整，最终实现减排目标。

（二）在生产环节征收

为了减少征管成本，保障税额的有效征收，应当利用已有的税制体系。虽然国外大多数碳税都是在批发零售环节征收的，但在我国，消费税的征收是在生产环节，从减少征管成本的角度，碳税应在生产环节征收。因此，碳税的纳税人为在我国境内生产、委托加工和进口石化能源产品的单位和个人。纳税环节在生产环节（包括委托加工和进口环节），计征方式实行从量定额计征，价内征收。但与一般消费税有区别的是，其收入并不作为一般的财政性资金。

（三）开征应遵循逐步推进的原则

逐步推进主要包括三个方面：第一，在引入碳税前较长时间就宣布有关计划。在初期，使企业和居民在不承担税收负担的情况下主动改变能源消费行为。第二，碳税整体税率逐步上升。即碳税税率开始宜设定在较低的水平上，然后随着时间逐步上升，这样让企业和居民在较低税收负担的情况下继续调整能源消费行为。第三，逐步减少缓解或补偿措施。在碳税实施初期，有必要对大型排放企业采取一些缓解和补偿措施，好让这一类企业有时间做出调整，让企业不必一下子承担过高的税收负担。缓解和补偿措施可以通过设定免征额或税收返还的方式实施，比如首先给予一定的免征额或返还额，然后逐年减少，最后完全消除。

（四）避免减免税但辅之以补偿等缓解措施

在实践中，由于减免碳税会对碳税政策的效果产生严重的负面影响，如果我国开征碳税应尽量避免使用减免税措施，以保证碳税政策实施的环境效果。由碳税带来的一些负面影响，比如碳税的累退性、对一些产品国际竞争力的影响等，可以通过各种补偿和缓解措施来降低或消除。在各种补偿缓解措施中，有些补偿机制是暂时性的，会逐步减少直到取消，比如对能源密集型企业的补偿，而有一些是需要长期保留的，比如对低收入群体的补偿。

（五）采取合理的收入再利用方案

为了增加碳税在政治上的可行性，减少碳税的负面影响，世界各国碳税收入一般都没有被纳入到一般性财政收入中来，而有其独立的利用方式。结合各国的实践，建议我国碳税收入的再利用通过以下两种方式：一种是将税收入返还给企业或居民，可以用于对企业节能减排的资助，也可以是对低收入群体的直接补助；另一种是用碳税收入削减其他的扭曲性税收，如减少社会保障税（费）的支付，削减企业所得税、增值税，或提高个人所得税的起征点或降低税率等。

（六）建立多方面的政策与碳税配套

为实现二氧化碳减排的政策目标，减弱碳税本身的负面效应，应该同步实施其他的一些政策措施。第一，参与国际温室气体减排计划。比如《京都议定书》中规定，发达国家可以通过提供资金和技术的方式，与发展中国家开展项目合作，在发展中国家进行既符合可持续发展政策要求，又产生温室气体减排效果的项目投资，由此换取投资项目所产生的部分或全部减排额度。第二，帮助一些困难的企业和个人顺利完成低碳行为模型的转变。比如对于交通运输企业，为其提供信贷让其购买使用天然气的交通工具。对于北方低收入家庭或农村居民，为其安装的节能取暖设备提供补助等。第三，建立鼓励可再生能源发展和利用的机制。第四，强化相关政策规制。比如高能耗行业的准入标准、限额标准、高能源设备的能耗标准、汽车能耗标准，等等。

第十章　我国碳排放权交易实践调查分析

以欧盟碳排放权交易体系为标志的世界范围内的碳排放权交易市场已逐步形成，排放权交易不但改善了气候变暖与环境污染的问题，也促进了各地经济的发展。然而，拥有世界上最大碳供应量的中国在国际碳排放权交易市场上却一直处于价格接受者的地位。国内的排放权交易的理论研究与试点运行还不够成熟，尚未形成具有市场化机制的排放权交易市场。排放权交易的国际市场与国内市场紧密相连，其交易价格互相影响，通过分析对比国内外排污权交易市场的运行机制与现状，结合目前国内排放权交易市场的发展状况以及排放权金融衍生产品的创新，为我国在国际排放权市场上赢得话语权以及国内排放权交易市场的构建提出合理化建议。

第一节　调查的背景与目的分析

一　调查的目的和意义

随着世界经济的快速发展，人们的生活水平达到了前所未有的高度，但是经济快速发展的背后却暗藏着冰川融化、海平面上升等一系列气候变暖的征兆。由温室气体排放所引发的气候变化不仅影响了各国的繁荣发展还威胁到了人类赖以生存的生态环境，全球气候变化已成为国际社会普遍关心的亟须解决的重大问题。虽然环境污染与气候变化的问题早已引起人们的重视，但是一直没有找到合理治理环境、改善气候变暖的方法。制约环境治理最重要的因素就是经济的发展，大多数国家在经济发展的起步阶段以及上升阶段都是以牺牲环境为代价的。早期治理环境污染的手段主要有超量排污罚款、排污收费、排污税等政策，但是这些方法要么达不到环境治理的效果，要么限制了经济的发展，如何将环境治理与经济发展的目标统一起来，寻找到既能治理环境污染、改善气候变化又不制约经济发展或者促进经济发展的办法，成为众多学者研究的重点。排污权交易理论的提出，很好地解决了学者与政策制定者的这一困扰，使利用经济学方法解决环境污染问题变成了现实。一个成熟的碳交易市场能够带来巨大的经济效益和生态效益，在推进社会节能减排，维持经济、环境和谐发展方面具有十分重要的意义。

二　碳交易市场的发展背景

1968 年，加拿大学者 Dales 首先正式提出排污权交易思想。他认为所谓排污权交易就是运用市场经济的规律及环境资源所特有的性质，在环保部门的监督下，各个持有排污许可指标的单位在各种与交易有关的政策、法规的约束下所进行的交易活动。也即在建立合法的污染物排放权利的基础上，政府或有关管理机构作为社会的代表及环境资源的所有者，把排放污染物的权利分配或以拍卖的方式出售给排污者，并允许这种权利像商品那样被买卖。排污者将按有关的污染权规定，进行污染物排放，或者在持有污染权的排污者间进行这种权利的有偿交换与转让，以此来进行污染物的排放控制。随着化石能源消费的供需矛盾以及由此造成的气候环境问题日益凸显，以欧盟国家为代表的发达国家纷纷提出低碳经济发展战略，借助其在可再生能源、节能减排领域的技术优势，期望在新一轮产业竞争和经济增长中继续保持竞争优势。2005 年 2 月 16 日正式生效的《京都议定书》是第一个以条约形式要求全人类共同承担保护地球气候义务的执行性文件，被公认为国家环境外交的里程碑，得到了包括欧盟国家、中国等 157 个国家的批准。《京都议定书》规定了三种有效减排温室气体的履约机制，即清洁发展机制（Clean Development Mechanism，CDM）、联合履约机制（Joint Implementation，JI）和碳排放贸易减排机制（Emission Trade ，ET），在本质上都属于排污交易范畴，是在明确温室气体总量减排目标下，通过交易行为来最大限度地降低全球碳治理的经济成本。清洁发展机制（CDM），是根据《京都议定书》第十二条建立的发达国家与发展中国家合作减排温室气体的灵活机制。CDM 的核心内涵是：由发达国家提供资金和技术，在发展中国家实施具有温室气体减排效果的项目，取得的减排量在获得该国清洁发展机制管理部门和联合国气候变化 CDM 理事会的认证并注册登记后，可用于抵扣发达国家的排放量。

对于发达国家而言，随着经济技术的发展、资源使用效率的提高使得企业通过自身减排达到《京都议定书》要求的减排量的成本大大增加，清洁发展机制为发达国家达到减排要求提供了一项灵活的机制，发达国家可以通过参加 CDM 项目为发展中国家提供技术与资金上的支持，帮助发展中国家企业引进新设备、改善生产工艺流程、提高生产技术等措施来减少二氧化碳的排放量。发展中国家的企业减排的二氧化碳数量可以在国际市场上出售，经由世界银行等机构参与的国际碳基金或相关公司购买，进入发达国家市场，这样可以抵减发达国家的减排量。CDM 机制的提出与实践在降低全球温室气体排放量的同时也降低了发达国家的减排成本。与此同时，发达国家还可以通过 CDM 项目向发展中国家出口设备，提高产品的市场份额。对于缺乏资金以及技术支撑的发展中国家来说，重经济轻环境的政策使得环境质量不断恶化，超额排放的温室气体对全球的气候造成了严重的影响。发展中国家通过 CDM 项目可以获得部分资金和技术上的援助，在提升本国节能减排技术、营造良好生态环境的同时也为世界气候问题的改善做出了贡献。CDM 机制减少发展中国家碳排放量的同时也降低了发达国家的减排成本，使得发达国家与发展中国家同时受益，达到了双赢的境界。

第二节　中国碳排放权交易市场状况调查分析

一、中国国际碳排放权交易市场状况的调查分析

CDM机制的实施与不断完善促进了世界范围的碳交易市场逐步形成，越来越多的发达国家与发展中国家开始关注清洁发展机制。作为世界上最大的发展中国家同时也是一个碳供应量大国，中国积极参与CDM项目，承担国际减排任务，为改善世界气候问题作出了应有的贡献。为了更好地达到减排的效果，我国政府为CDM设立了专门的管理机构，颁布了管理办法，创建了清洁发展机制基金。与此相关的各种服务机构——咨询公司、审查机构、申报服务机构、中间商、投资机构等也相继成立。在世界环保组织帮助下，2001年，内蒙古龙源风能开发有限责任公司开发的辉腾锡勒风电场项目投标荷兰政府的CERUPT减排购买计划，成为国内第一个清洁发展机制项目，此后以清洁利用、温室气体处理与回收等项目为主体的清洁发展机制项目日渐增加。截止到2009年9月18日，联合国气候变化公约组织共核准签发清洁发展机制项目1882个，其中，我国通过核准的项目数量为632个，居世界首位。从清洁发展机制项目的排放量来看，632个核准清洁发展机制的减排量为1.5亿吨左右，占据全球市场份额的45.7%。作为一个有担当的大国，中国必然要承担起全球量化减排的责任，我国政府已提出到2020年实现单位GDP二氧化碳排放比2005年降低40%～45%，森林面积比2005年增加4000万公顷，森林蓄积量比2005年增加13亿立方米，可再生能源在我国能源结构中的比例争取达到16%等一系列目标。

时至今日，世界范围内的碳交易市场已经逐渐形成，交易量和交易额稳步增长，有关数据显示碳交易市场有望超越石油交易市场成为全球最大的国际性交易市场。中国的实体经济企业参与了众多CDM项目交易，为国际碳交易市场创造了大量的减排额，2009年，中国CDM项目产生的核证减排量成交量占全球的84%。尽管我国拥有可观的碳减排量，但对外CDM交易却缺乏议价能力，使得国内企业很

难从交易中获得相应利润和发展空间。国外的买家主要通过与我国卖家签订长期合同来锁定未来的碳排放权价格，这样就限制了国内企业进行境外套期保值、规避市场风险的权利。核证减排量被发达国家以低廉的价格购买后，包装、开发成为价格较高的金融产品、衍生产品等进行交易。如2009年6月中国卖给欧洲买家的核证减排量现货价格为11欧元/吨左右，而同样的欧盟配额的2014年12月到期的期货价格为19欧元/吨。

中国拥有巨大的碳排放资源，据联合国开发计划署统计，中国碳减排量已占到全球市场的1/3左右，居全球第二，碳交易及其衍生品市场发展前景广阔。然而碳交易理论与实践在我国的发展相比于发达国家而言起步晚，而且由于复杂的国情导致进展缓慢，以致现在也没有形成成熟的交易体系。国际市场上的碳交易规则和价格主要由国外大型碳市场、金融机构、减排主体等碳需求方来制定，国内的碳排放卖家没有良好的渠道获取相对公平的碳交易信息。尽管国家发改委对CDM项目的价格已经开始控制，但目前国际碳交易以买方市场为主，作为CDM项目的供应方，我国处于全球碳交易产业链的最低端，定价权和议价能力不足，国内核证减排量价格长期被压低。在全球性的节能减排的浪潮中，中国在碳减排与碳交易中的任何行动都会对国际碳交易市场产生重大影响。但是，由于我国的碳交易市场还不够成熟，没有建立起相应的价格体系，目前也做不到交易市场的公平、公正与公开，诸多原因导致成交价格明显低于国际碳交易市场价格。有关数据显示，中国碳交易的价格每吨要比印度少2～3欧元，更不及欧洲二级市场价格的一半。

二　中国国内碳排放权交易市场状况调查分析

中国地区大范围持续的雾霾天气迫使政府及有关部门将大气污染的治理提上日程。二氧化碳和大气污染物PM2.5的主要成分（二氧化硫和氮氧化物）均主要来源于煤、石油、天然气等化石能源的燃烧，两者同根同源，通过碳排放权交易，在减少二氧化碳排放的同时，可相应减排二氧化硫、氮氧化物、PM10、PM2.5等大气污染物。

近几年，碳排放造成的环境问题成为关注的焦点，控制能源消耗总量成为全球共识，碳交易产业迅速发展。我国作为温室气体排放大户，也开始建立碳交易体系，积极开展碳排放交易试点，旨在通过市场机制调节温室气体排放总量，实现节能减排目的。当前，我国经济社会的发展面临着资源环境日益强化的制约，同时在全球应对气候变化，增强二氧化碳减排力度方面面临空前压力，中国在加强经济社会的低碳转型发展上有着强烈的需求。中国在经济快速发展的同时，节能减排取得了显著成效。从1990年到2011年，中国的GDP增长了8倍，单位GDP能源消耗下降了56%，相应的二氧化碳强度下降了58%。“十二五”期间，中国又确定了“单位GDP能耗下降16%、碳强度下降17%”的目标。建设碳交易市场，是协同治理大气污染的有效措施。我国国内排污权理论的研究始于20世纪80年代，国内的碳排放权交易理论发展还不够成熟，在国家环保总局统一组织下进行的排污权交易试点工作在20世纪90年代才开始，目前已在七省市——北京市、天津市、上海市、重庆市、广东省、湖北省、深圳市启动碳交易试点。中国的排污权交易市场，自成立以来取得了较大的进展，二级市场的活跃程度逐步上升，图10-1、图10-2以及表10-1是根据目前已成立并正在运行的北京环境交易所、上海环境能源交易所、天津排放权交易所、深圳排放权交易所等统计的每日碳排放权交易的成交量、成交额绘制的。

发改委开展的低碳省区和低碳城市试点进展展览显示，试点省市温室气体排放成绩显著。在2012年碳强度排放评级考核中，列入试点的10个省（包含直辖市）2012年碳强度比2010年平均下降约9.2%，显著高于全国6.6%的平均降幅水平。2013年，全国5个碳交易试点的配额总量高达8亿吨，二级市场成交44.55万吨，总成交额2491万元。2013年11月28日，北京市碳排放权交易市场正式上线运行，拉开了北京市碳交易市场的序幕。截至2014年3月7日，北京市碳排放权交易平台达成77笔交易，总成交量64217吨，成交额达到3258187元。其中，线上公开交易74笔，成交量22000吨，成交额1145420元，协议转让3笔，成交量42217吨，成交额

2113067 元。同时，北京碳市场价格稳步上升，3 月 6 日创下开始以来最高价 55.5 元/吨，较起始价上涨 11%。在三个月的运行过程中，北京碳市场呈现逐步活跃的行情，重点排放单位和投资者参与碳市场的热情逐步提高，通过多样化的交易方式参与市场交易。

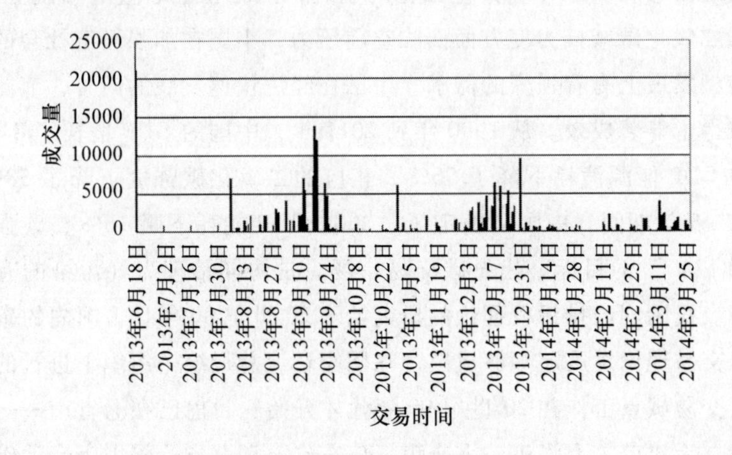

图 10－1　深圳碳排放权成交量

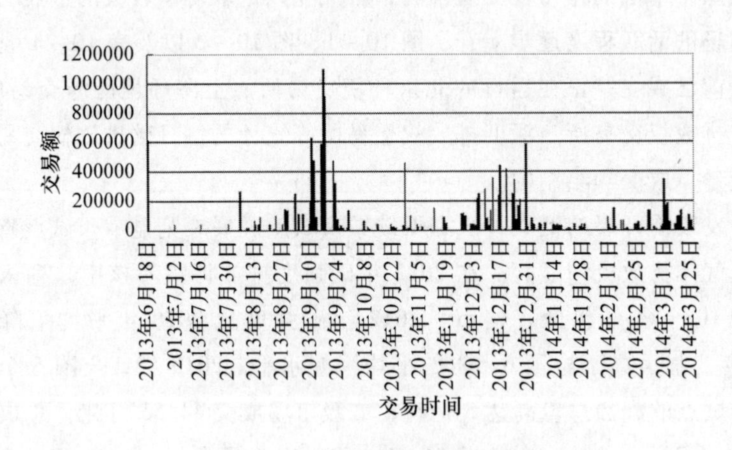

图 10－2　深圳碳排放权交易额

试点地区正式启动碳交易后，许多企业保持观望态度，主要原因可能涉及节能减排项目具有前期投入大、经济效益低、投资回收期长的特点，尤其是对于一些经济实力薄弱的企业，排污权的购买给企业的正常营运带来了过重的财务负担。试运行初期部分排污权交易案例也是在当地政府或环境管理部门牵头进行的，实行的是点对点的协商定价，企业并不是作为真正的市场主体参与交易，行政干预力度较大，价格不能通过市场对排污权交易的需求情况正确反映资源的价值，缺乏市场机制的主导作用，无法达到通过价格传导将环境污染问题的外部性内部化的目的。而且出于地方保护主义，政府还可能强行禁止本地企业向其他地区出让排污指标，政府主导排污权交易市场通常也会衍生出“权力寻租”现象。相比于美国、欧盟等已建立的明确的运作制度和正规的交易市场，我国排污权交易市场尚处于起步阶段，缺乏详细的规章制度与法律的监管，离真正意义上的排放权交易市场还较远。尚未完全转型的经济体制使得政企不分，过分的行政干预难以形成统一的全国性交易市场，进而也就无法与国际市场进行有效衔接，这样不利于扭转我国在国际排放权市场上的被动地位。因此，有必要在当前节能减排的大背景下深入研究排放权交易的实施框架和运作细节，推动市场化配置环境资源的进程。随着排污权交易二级市场的建立，以及国际碳交易市场的发展，国内的碳排放权交易市场也正逐步走上成熟，具有市场化机制的交易市场已不再遥遥无期。排污权交易运行的初期，不仅需要政府对总量与分配方法的设定，交易市场的运作也需要政府进行相应的监管与调控，否则排污权价格的剧烈波动势必影响部分企业的正常生产，导致产品供应市场的波动。但是，在市场经济体制下，政府的监管要适当，当排污权交易市场运行足够成熟之后，政府应适当地放权给市场，充分利用市场机制调整排放权价格来治理环境问题，过分的监管反而会阻碍市场机制的正常运转。

表 10-1　**全国主要试点碳排放权交易量与交易额**

交易时间	交易市场	交易数量（吨）	成交额（元）
2013 年 6 月	深圳	21112	612248
2013 年 8 月	深圳	23000	922000
2013 年 9 月	深圳	72932	5555113.7

续表

交易时间	交易市场	交易数量（吨）	成交额（元）
2013 年 10 月	深圳	9846	757128.43
2013 年 11 月	深圳	10249	773993.16
2013 年 12 月	深圳	60058	4239164.71
	北京	200	11000
	天津	14880	420925.4
	上海	2271	72676
	广州	120129	7227740
2014 年 1 月	深圳	8296	584492.02
	北京	1750	88595
	天津	39900	1049895.6
	上海	5650	175953
	广州	—	—
2014 年 2 月	深圳	8126	612285.84
	北京	8610	414540
	天津	18860	508788
	上海	61002	2335812
	广州	—	—
2014 年 3 月	深圳	20048	1674704.58
	北京	19650	1077440
	天津	11320	440967
	上海	107908	4230730
	广州	519	33074

第三节　完善中国碳排放权交易市场的对策与建议

中国正处于经济体制转换的关键时期，经济的发展是政府当前的重要目标，目前政府工作的重心在大力优化产业结构，转变发展方向，提倡各行各业节能减排，但是在发展经济治理环境方面困难重重。中国现有的碳交易主要是针对欧洲碳交易市场以CDM项目为主。可是，作为碳供应量的大国，我国在国际市场碳定价上却处于价格接受者的地位，由于信息的不对称导致任由欧盟国家低价购买减排量之后再包装出售赚取丰厚利润。这大部分归结于我国不健全的碳交易市场，政府没有提供一个有效的平台供参与交易的企业获取足够的交易信息了解交易行情来制定合理的出售价格。国际、国内两个碳排放权交易市场其实紧密相连，合理而高效的国内碳排放权交易市场能为国内企业参与国际碳排放权交易市场进行价格磋商提供依据，同时公平公正的国际碳排放权交易市场也会对国内碳排放权交易市场的定价产生影响，价格的及时传导起着不可估量的作用。要想在国际碳排放权市场上取得话语权，取得本应属于我国企业的利益，促进国内碳排放权交易市场发展成熟迫在眉睫。开展理论与实践研究的同时也要求我国政府制定相应的法律法规、规章制度来最大限度地规范碳排放权交易市场的交易行为，同时也需要政府构建一个公开、公平、公正的交易平台，来增加排污权交易市场信息的透明度，降低交易成本，增加碳排放权二级市场的活跃程度。碳排放交易是一项复杂的系统性工程，不仅是推进节能减排的重大机制创新，也是促进"碳服务"关联产业和碳金融市场发展的重要一环。为了构建公平有效的排污权交易市场，国家应坚持一级市场分配的公平性、合理性和有效性，同时也应对试点运行工作的展开进行正确的引导。政府可以通过制定相应的法律法规与合理的交易规则，包括交易的程序、交易过程中违约的规制等来规范市场活动；为了遏制企业的超标排放，政府可以制定较严厉的惩治措施来提高企业的违规成本，警示各企业按配额进行排放，高额的环境成本也能促使企业加快转变产生污染的生产模式及经营方式。

欧盟成员国为促进低碳经济发展，实现温室气体减排目标，建立了若干国别碳基金，商业银行实行赤道原则，推进绿色信贷，为低碳技术研发、低碳项目培育和低碳产业发展等提供融资服务，这些都值得我国学习和借鉴。从这些国家的发展经验来看，碳交易体系能有效拓宽金融服务范围、完善金融服务体系。随着碳交易市场的逐渐成熟，碳汇融资项目、碳汇理财产品、碳汇期权期货等一系列碳金融产品应运而生，这对金融产品创新和金融市场的多元化发展有巨大的推动作用。从2007年开始，河北省环保部门与金融机构联合，推进绿色信贷，对不符合产业政策和环境违法的企业、项目进行信贷控制，以绿色信贷机制遏制高耗能、高污染产业的盲目扩张。近年来，河北省环保厅与光大银行股份有限公司石家庄分行签署战略合作协议，光大银行将提供500亿元人民币的绿色信贷额度，其中300亿元人民币专项额度用于排污权质押融资业务，满足拥有排污权企业的融资需求。加上以前兴业银行提供的500亿元人民币的绿色信贷额度，两大银行在河北的绿色信贷规模已达到1000元亿人民币。此举在全国开了省级绿色信贷的先河。之后，在开展试点运行排污权交易地政府部门的带动下，越来越多的银行、金融机构参与到国内碳金融市场上来，目前全国11个排污权有偿使用和交易试点省中，山西、浙江、湖南、陕西4个试点省已开展了排污权抵押贷款业务，并联合金融部门出台了相关政策。其中，浙江省232家企业通过排污权抵押，获得银行贷款35.10亿元，实现企业、政府、银行三方“共赢”。可以继续通过开发与排放权相关的期权、期货等金融衍生产品或者通过银行开展绿色贷款、绿色筹资、低碳理财产品以及绿色信用卡等金融业务以吸引更多机构参与到碳市场中，刺激国内排放权市场。若对一些高污染、低产能的企业减少贷款政策上的支持，对一些技术优良、资源利用率高的企业进行贷款政策倾斜，营造全社会节能减排的良好氛围，能有效推动排放权交易的开展。只有建立积极健康的国内排放权交易市场，才能为国内企业参与国际排放权交易定价提供参考依据，国际市场上碳交易的波动也能通过价格传导促进国内碳交易市场的发展。只有国内国际市场的健康发展，才可以将环境治理、气候的改善与经济的发展融为一体，否则必将顾此失彼，影响人类的可持续发展。

根据中央提出的“在优化结构、提高效应、降低消耗、保护环境的基础上，实现人均国内生产总值到2020年比2000年翻两番”的奋斗目标，人民生活水平将大幅度提高。各地区优化产业结构，发展符合地区特点的低碳产业，实现经济发展和减排工作的齐头并进。不同地区同行业的能源效率大幅提高并基本保持一致，省际间实现优势互补，尤其是加快中西部地区的经济发展。加快构建国内二氧化碳排放权交易市场，有效运用市场经济手段对二氧化碳排放进行调控。同时，大力研发清洁能源和固碳技术，依靠科技手段降低我国二氧化碳排放，争取早日兑现单位 GDP 减排 40% ~45% 的承诺，实现我国经济健康稳定的发展。

第十一章　企业碳会计信息披露质量及其评价

本章以重污染行业上市公司为研究样本，考虑年度报告和社会责任报告为碳会计信息披露的主要载体，依据显著性、量化性和时间性碳会计信息披露质量维度，利用层次分析法区分披露载体与披露水平的相对重要程度，设计低碳战略、碳减排管理与碳减排核算等碳会计信息披露质量评价指标体系，获取碳会计信息披露质量指数，为评价碳会计信息披露水平提供一种理论思路。

第一节　企业碳会计信息披露概述

一　碳会计信息披露的概念

碳会计信息披露是碳会计领域一个十分重要的研究内容，是对于传统会计信息披露在低碳经济环境下提出的新要求。具体而言，它是指与二氧化碳等温室气体排放相关的行为主体按照碳会计信息披露的有关规定，通过一定的方法、准则和惯例，把经确认、计量以及记录的碳会计信息进行对外披露的过程，以反映管理层受托责任的具体履行情况以及二氧化碳等资源的实际利用情况，满足债权人、投资人、供应商、政府部门和社会公众等对于会计主体在节能减排和低碳环保等方面相关信息的需求，为其各自的决策行为提供更为全面和直观的信息基础。随着世界各国对全球变暖等环境问题的愈加重视和低碳经济的不断发展，碳会计信息披露在各国经济社会的发展中扮演着越来越重要的角色，它不仅能够促使企业采取有效措施把节能减排的主旨精神切实落实到日常的生产经营中去，增加企业外部沟通、提升企业价值、改善企业形象、推动企业低碳战略转型，实现自身可持续发展，并且对提高资源的利用效率、促进资源的优化配置也有着积极的促进作用，以期能够更好地实现经济、环境与社会效益的全面协调发展。

二　碳会计信息披露的基本原则

会计原则既是会计理论体系中的一个重要的层次，同时也对会计准则的制定以及会计实务的开展起着至关重要的指导作用。因此，在碳会计信息披露中，应该制定并遵循下面几个基本原则：

（一）借鉴传统会计、坚持合理创新原则

碳会计是以传统会计为基础发展起来的，可以借鉴传统会计的理论与方法。一方面，进行碳会计信息披露要综合利用传统会计理论、方法与低碳学、经济学等相关学科中的思想和方法。另一方面，碳会计信息不仅包括能以货币计量的会计信息，还包括无法以货币计量的低碳会计信息。因此，在进行碳会计信息披露时，我们必须结合碳问题和碳会计的自身特点勇于探索与创新，从而形成一套科学的碳会计信息系统理论和方法体系。

（二）循序渐进的原则

碳会计作为一个新生事物，目前还没有太多的实际经验的支持，许多问题还需要进一步探讨。进行碳会计信息披露要基于现实的低碳要求，考虑到各个利益相关者对碳会计信息的需求，根据不同时期人们对碳会计理论与技术方法的认识程度，采取循序渐进的方式，从实践中逐步解决碳会计信息披露制度存在的一系列问题。以选择碳会计信息披露对象为例，可以按照对低碳需求水平、对国民经济影响程度分类，对低碳需求高、影响国民经济大的国家重点建设行业或企业先进行碳会计信息披露。待一系列条件成熟之后，再将范围扩大到其他行业或企业，以满足不同使用者的信息需求。

（三）有效披露原则

一份既能符合满足需求原则，又能符合成本效益原则的会计报告，其信息可能是超量的。对企业来说，这些超量的没有利用价值的信息只会增加成本而无法产生利益；对信息使用者来说，过量的信息会影响他们对信息的分辨、判断和运用，导致做出低效、无效甚至错误的判断，失去更多的净收益。有效披露的会计信息对于使用者的需求是合理有效的。因此，企业在主动披露会计信息时，应根据会计信息被使用的实际情况，确定出哪些过量信息不予以披露，从而降低成本，有效帮助信息使用者进行决策。

（四）成本收益分析原则

一般来说，企业只有在基于自身成本和收益的基础上，才会决定是否自愿主动地向某些使用者提供会计信息。其中，会计信息披露的成本是指处理和提供信息的成本、诉讼成本以及竞争劣势，其收益是指资源优化配置所带来的收益、保护消费者所带来的收益等。企业自愿提供会计信息是由于企业的披露成本低于披露收益；而企业强制提供会计信息是由于受到政府监管部门与社会公众的压力，此时只能是社会总成本小于社会总收益。只有当披露收益大于披露成本时，企业才会有基本的信息披露积极性。会计信息披露制度的设计只有在充分考虑这一原则的基础上才具有可操作性，会计信息的质量也才能得到基本的保障。

（五）满足特定需求原则

会计信息披露是为了满足特定使用者对会计信息的需求，针对不同的使用者满足不同的使用需求。多层次的会计信息披露制度能够面向不同层次需求的信息使用者，单一的会计信息披露制度则无法适应现实需要。

三　碳会计信息披露的质量要求

高质量的会计信息可以保证会计工作的价值，为企业自身发展提供动力，使会计信息使用者做出正确、有用的相关经济决策，因此进行碳会计信息披露就应尽量满足其质量要求。

（一）相关性

相关性，是指碳会计信息要与信息使用者的信息需求相关。一般来说，碳会计信息使用者主要根据所能接触的信息了解企业与低碳相关的财务信息并做出决策，只有相关的碳会计信息，才能有助于决策，因此碳会计信息必须要对管理者或者其他信息需求者所做出的决策有用，这是相关性的最低要求。另外，相关性要求碳会计信息是真实的，应当是根据某一时间段内企业的低碳经济活动得出来的，而不是凭空臆造的；相关性要求碳会计信息是有时效的，信息还处在有效的使用期内，而不是过时的、已经无用的。

（二）客观性

客观性又称可靠性，是指碳会计信息应该能够真实反映企业与低碳有关的各种情况。首先，提供碳会计信息的会计从业人员需要具备相当的专业能力和职业道德，有能力根据企业以前时间段内从事的低碳经济活动提供出准确无误的碳会计信息。其次，提供碳会计信息的从业者以及碳会计信息的审计人员，如企业内部审计人员、社会审计机构等，要有足够的独立性，不能因为受到外界其他因素的干扰，导致信息客观性受到破坏。

（三）重要性

重要性，是指所提供碳会计信息的重要程度。一方面，信息需求者需要的碳会计方面信息对于企业来说具有重要性，企业必须对其高度重视，尽可能全面、客观地予以披露，有助于提高企业在外界的认可度。而信息需求者不感兴趣或不予重视的那部分碳会计信息，企业没有必要花费太高的成本去披露这些内容。另一方面，企业必须充分、详尽地披露数额很大的相关碳会计信息，而简单提供牵涉数额很小的相关信息，因为牵涉数额小的信息的相关要素会相对少一些。

（四）可理解性

可理解性是指企业所披露的碳会计信息应该让使用者容易理解，这是保证使用者可以充分利用信息的一个基础。碳会计属于新生事物，其中很多信息项目、技术性相对强的概念和术语人们从未接触过。因此，在披露上述信息时，这些专业术语和它们本身的含义以及它们与经济和财务情况之间的关系需要进行一定的解释，增强其可理解性、可接受性。

（五）可比性

可比性是指信息使用者能够从会计部门所提供的两组反映同性质情况的碳会计信息数据中区别其异同之处，即在碳会计信息反映的情况相同时，它能够比较客观地显示其相同之处，在碳会计信息所反映的情况不同时，它也同样能够比较客观地显示其不同之处。碳会计信息的可比性可以分为横向和纵向两个方面。纵向可比性指的是同一企业在不同时间段中对相同类别的碳会计信息进行相互对比，横向可比性指的是不同企业在相同时间段对相同类别的碳会计信息的相互比较。这就要求碳会计信息之间的信息处理在原则上是一致的，碳会计信息的处理方式也是一致的，信息的内涵也有一致性，等等。当企业原有的经济环境、社会环境发生较大改变时，企业为了适应环境变化的需要，保持碳会计信息的客观性，提高碳会计信息的价值，必须在有关会计报表及其附注中注明其变化和影响。

四　碳会计信息披露的基本内容

目前，国内外学术界还没有对碳会计信息披露内容的深入性研究，因此可以借鉴国内外比较成熟的环境信息披露问题的相关研究。国际方面，1998 年 2 月国际会计和报告标准专家组在召开的第 15 次大会上达成了一致，将环境会计的信息披露内容归纳为以下四个方面：一是环境政策方面的信息，主要是披露与环境负债、环境成本有关的确认和计量政策及采用的计量基础；二是与环境负债相关的一些信息；三是环境成本方面的信息，具体包括排放污染物的处理、场地的恢复与修复、环境控制等方面的内容；四是其他需要披露的相关信息，主要包括对环境损害事项的说明、企业对环境损害做出赔偿的法律要求等。国内方面，沈小南、冯淑萍在参加联合国第 13 届标准政府间专家工作组会议（国际会计和报告会议）时指出公布下列信息很重要：“（1）企业为防治和减少污染以及恢复环境而发生的成本费用；（2）因导致污染而发生的费用损失，比如环境损害赔偿、向国家交纳的排污费及治理费、违反环境保护法规导致的罚款等；(3）因污染而发生的社会成本。”

根据以上观点，我们认为碳会计信息的披露主要应该包含以下两个方面的内容：一方面是企业不能用货币量化、不能当作正式的要素信息在财务报表中反映，但可以以其他方式披露与低碳因素有关的会计信息；另一方面是在一般的财务报表中能够用货币进行具体的计量、能够当作正式项目的信息，如碳资产、碳负债等科目信息。

五　碳会计信息披露的方式

碳会计信息是企业开展低碳工作及其财务影响的信息。披露的信息可以采取多种方式：既有定量的信息，又有定性的信息；既有能以货币形式计量的信息，又有以技术指标等表示的非货币信息。企业对于碳会计信息的披露，一方面可以借鉴企业定期出具财务报告的思路，利用财务报表、报表后的附注、财务情况说明书等信息载体来揭示与低碳相关的财务信息；另一方面企业可以参照报告书的形式编制专门的低碳报告书以提供企业的低碳绩效信息。

六　碳会计信息披露质量评价方法

采用自愿性信息披露研究中常用的“层次分析法”，这种方法也是社会责任和环境信息披露研究中的主流方法，如张劲松（2008）、刘宝财和林钟高（2012）、刘学文（2012）等的研究。考虑年度报告和社会责任报告为碳会计信息披露主要载体，依据显著性、量化性和时间性来反映碳会计信息披露水平的三个维度——位置（Where）、方式（How）和时间（When）；设计低碳战略、碳减排管理与碳减排核算等碳会计信息披露质量指标，获取碳会计信息披露质量指数，为评价碳会计信息披露水平提供一种理论思路。碳会计信息披露质量评价指标体系见表 11－1。

表 11－1　　　　**碳会计信息披露质量评价指标体系**

目标层	第一层指标/权重	第二层指标/权重
上市公司碳会计信息披露质量 CDI	低碳战略（A）/0.71	低碳发展机遇与风险（A1）/0.53
		碳减排目标（A2）/0.33
		碳管理战略（A3）/0.14
	碳减排管理（B）/0.18	碳减排管理机构（B1）/0.64
		碳减排激励与考核机制（B2）/0.26
		排污权交易（B3）/0.10
	碳减排核算（C）/0.11	碳核算方法（C1）/0.59
		碳排放强度（C2）/0.25
		碳减排投资与创新（C3）/0.16

第二节　碳会计信息披露基本理论分析

一　碳会计信息披露维度的确定

从数量和质量两个方面来评价样本公司的上述 9 项碳披露信息（见表 11－1）。对碳会计信息披露数量评价时，主要检查样本公司年报和社会责任报告中是否涉及上述评价指标的内容。对碳会计信息披露质量进行评价时，结合表 11－1 中 9 项二级指标样本公司年报和社会责任报告的情况，依据显著性、量化性和时间性来反映。具体的赋值依据如下：

（1）显著性（Effect，用 E 表示）：披露载体分为公司年报和社会责任报告，社会责任报告披露赋值 20 分，即为不显著；年报披露赋值 30 分，即为显著；年报和社会责任报告同时披露赋值 40 分，即为非常显著。

（2）量化性（Quantification，用 Q 表示）：描述性碳会计信息披露赋值 15 分，即为缺乏量化性；数量化但非货币化碳会计信息披露赋值 25 分，即为量化程度一般；货币化碳会计信息披露赋值 30 分，即为量化程度高。

（3）时间性（Timeframe，用 T 表示）：事后碳会计信息披露赋值 15 分；事前碳会计信息披露赋值 25 分；事前与事后碳会计信息对比披露赋值 30 分。

碳会计信息披露质量评价指标体系的第二层指标的分数为显著性、量化性和时间性三个维度得分之和，其值域为［50，100］，故根据权重和指标的重要性，第一层指标和目标层的值域同样为［50，100］。评分时先对每个样本公司的各项披露内容的三个维度分别打分，然后将三项内容的得分相加，得到样本公司碳会计信息披露质量评价值。

我们采用层次分析法来确定各个指标的权重。层次分析法（Analytic Hierarchy Process）是美国运筹学家 Thomas L. Satty（托马斯 · L. 萨蒂）于 20 世纪 70 年代正式提出的一种多目标决策分析方法，该方法注重将定性分析与定量分析相结合，是解决复杂系统决策的有效工具。具体步骤如下：

（1）构造判断矩阵。对同一层次的各重污染型行业与上一层次中某一指标的重要性进行两两比较，引入 1 ~ 9 标度法来构造两两比较，形成判断矩阵 $A = [a_{ij}]$。

（2）权重计算。采用方根法对判断矩阵 A 的每行向量计算几何平均值，得到向量 $W = (W_1, W_2, W_3, \cdots, W_n)^T$。其中 $W_i = (\prod_{j=1}^{n} a_{ij})^{\frac{1}{n}}$，对向量 W 进行归一化处理得到相对权重向量 $W_i^0 = \frac{W_i}{\sum_i W_i}$，设 A 的最大特征根为 λ_{max}，则有 $AW_i^0 = \lambda_{max} W_i^0$。计算判断矩阵的最大特征根 $\lambda_{max} \approx \frac{1}{n} \sum_{i=1}^{n} \frac{(AW)_i}{W_i}$。

（3）一致性检验。由于层次分析法多以人们的主观判断作为表达，为了剔除主观性尽可能地转为客观描述，需要进行一致性检验 $C.I. = \frac{\lambda_{max} - n}{n - 1}$。

由于一致性判断指标随 n 增大而明显增大，为了克服这一弊端，需要将判断矩阵的平均随机一致性指标 R.I. 引入到一致性检验中，当判断矩阵的一致性比率 $C.R. < 0.1$ 时，即认为判断矩阵具有满意的一致性，其中 $C.R. = \frac{C.I.}{R.I.}$。

二　碳会计信息披露质量评价值的计算

在通过层次分析法确定了重污染行业上市公司碳会计信息披露评价指标体系及指标层指标的具体权重之后，将根据上市公司年报和社会责任报告打分得到的重污染样本企业的显著性、量化性和时间性三组初始值按照确定的权重系数进行计算处理，最终得到上市公司碳会计信息披露质量评价值 CDI。

具体的计算公式如下：

$$A_{ij}=0.53\times A1_{ij}+0.33\times A2_{ij}+0.14\times A3_{ij} \tag{11-1}$$

$$B_{ij}=0.64\times B1_{ij}+0.26\times B2_{ij}+0.10\times B3_{ij} \tag{11-2}$$

$$C_{ij}=0.59\times C1_{ij}+0.25\times C2_{ij}+0.16\times C3_{ij} \tag{11-3}$$

$$CDI_{ij}=0.71\times A_{ij}+0.18\times B_{ij}+0.11\times C_{ij} \tag{11-4}$$

其中，i 代表样本公司不同的年份，j 代表 162 家重污染上市公司。通过计算得到 162 家重污染型企业 2010—2012 年三年期间碳会计信息披露质量在低碳战略、碳减排管理以及碳减排核算三个方面的得分总值。

第三节　碳会计信息披露质量评价实例

一　样本选择与数据来源

（一）梳理汇总相关文件

2011—2013 年我国出台的一系列与碳会计信息披露相关的文件，见表 11－2。

表 11－2　　“十二五”初期国家低碳要求

日期	实施方案	具体内容
2011 年 10 月	《关于开展碳排放权交易试点工作的通知》	要求北京、天津、上海、重庆、湖北、广东和深圳开展碳排放权交易试点
2011 年 12 月	《“十二五”控制温室气体排放工作案例》	2015 年温室气体排放统计核算体系基本建立，碳排放交易市场逐步形成
2012 年 6 月	《温室气体自愿减排交易管理暂行办法》	推动国内自愿减排交易活动的有序开展

续表

日期	实施方案	具体内容
2012 年 12 月	《关于开展第二批国家低碳省区和低碳城市试点工作的通知》	确定北京、上海、海南等 29 个试点省市
2013 年 1 月	《工业领域应对气候变化行动方案（2012—2020 年）》	2015 年单位工业增加值二氧化碳排放量比 2010 年下降 21% 以上，并支持在钢铁、水泥等重点行业开展碳排放权交易试点

资料来源：CDP2013 中国报告。

（二）选取样本进行碳会计信息披露的数据统计

按照环保部于 2011 年 9 月 14 日对外公布的《上市公司环境信息披露指南》中所列的 16 个重污染行业，我们从中选取 9 个行业作为研究对象，剔除财务数据缺失的样本，最终得到 162 个样本，关注其 2010—2012 年三年间的年度报告和社会责任报告。选取这 162 家上市公司作为研究对象，一方面是因为它们基本代表了中国制造业的 16 个重污染行业，另一方面是因为它们是上市公司中的领先者和佼佼者，其碳会计信息披露相对规范和完整，数据易于取得。具体样本行业分布情况见表11－3。

表 11－3　　162 家上市公司的行业分布情况

序号	上市公司行业	数量（个）	所占样本比例（%）
1	火电	25	15.4
2	钢铁	21	13.0
3	水泥	18	11.1
4	煤炭	15	9.3
5	冶金	14	8.6
6	化工	24	14.8
7	石化	15	9.3
8	造纸	12	7.4
9	采矿业	18	11.1
合 计	—	162	100

资料来源：作者根据财富中文网提供的相关资料手工整理。

本章所需的上市公司年报、社会责任报告主要来源于巨潮资讯网站、新浪财经网，相关的财务数据主要是从国泰安数据库查询得到的；低碳战略、碳减排管理以及碳减排核算等相关信息主要来源于上市公司年报和社会责任报告，通过手工打分整理得到。

二　碳会计信息披露数量分布特征

重污染行业上市公司分行业和年度的碳会计信息披露数量分布特征见表11－4。

表11－4　披露碳会计信息的重污染行业上市公司数量和比例

年份＼行业	火电	钢铁	水泥	煤炭	冶金	化工	石化	造纸	采矿业
2010	80% (20)	71% (15)	61% (11)	87% (13)	64% (9)	63% (15)	60% (9)	67% (8)	67% (12)
2011	88% (22)	76% (16)	78% (14)	100% (15)	71% (10)	75% (18)	73% (11)	75% (9)	72% (13)
2012	100% (25)	95% (20)	83% (15)	100% (15)	93% (13)	88% (21)	87% (13)	83% (10)	83% (15)

注：表格中的百分比表示进行碳会计信息披露的公司占同行业公司总数的百分比，括号内的数字表示披露碳会计信息的公司数。

重污染行业上市公司分行业和年度的碳会计信息披露数量分布特征显示：从碳会计信息披露的趋势来看，在本章所选取的162家样本公司中，2010年有112家在年报中披露了碳会计信息，占样本公司总数的69%；2011年共有128家披露了碳会计信息，占样本公司总数的79%；2012年共有147家披露了碳会计信息，占样本公司总数的91%。从表11－4中可以看出，9个重污染行业上市公司披露碳会计信息的比例2010—2012年间都在逐年提高，保持了上升的趋势。从碳会计信息披露行业分布情况来看，9个重污染行业披露碳会计信息的公司比例在三年间都达到了60%以上，煤炭行业和火电行业的表现最好，三年间披露碳会计信息的公司比例都保持在80%以上，在2012年都达到了100%；钢铁行业、采矿业和造纸行业三年来披露碳会计信息的公司比例也保持在67%以上；在2012年，9个行业披露碳会计信息的公司比例也都在83%以上。总之，随着中国低碳经济转型以及节能减排政策的实施，自愿性碳会计信息披露不断引起重污染行业上市公司的重视，亟待关注碳会计信息披露质量问题。

三　碳会计信息披露质量维度评价

基于碳会计信息披露质量评价指标体系，按照碳会计信息披露显著性、量化性与时间性维度，对照碳会计信息披露质量层次和碳会计信息披露质量指标，分年度评价重污染行业上市公司碳会计信息披露质量。具体而言，首先针对样本公司分项碳会计信息披露内容打分，然后获取显著性、量化性和时间性三个层次得分总值，最后得到样本公司每个维度的碳会计信息披露质量得分。上市公司重污染行业碳会计信息披露显著性、量化性以及时间性分值均值见表11－5。

表11－5　　**重污染型上市公司碳会计信息披露质量维度**

年份	碳会计信息披露显著性分值	碳会计信息披露量化性分值	碳会计信息披露时间性分值
2010	277.21	162.04	158.68
2011	286.27	171.32	167.43
2012	293.79	177.01	182.45

从表11－5中可以看出，上市公司重污染行业碳会计信息披露质量维度分值在显著性、量化性和时间性三个方面都呈现出逐年上升的趋势，说明碳会计信息披露在不断引起上市公司的重视，企业自愿性碳会计信息披露的意愿在不断改善。虽然我国目前尚未出台具体的碳会计信息披露指导规范，但早在2010年环境保护部就发布了《上市公司环境信息披露指南》（征求意见稿），旨在引导上市公司积极履

行保护环境的社会责任，促进上市公司重视并改进环境保护工作，规范上市公司环境信息披露行为。从碳会计信息披露质量维度来看，碳会计信息披露显著性分值相对较高，原因在于各企业都按期发布社会责任报告，企业社会责任报告也越来越关注碳会计信息披露。此外，从表 11－5 中还可以看出，碳会计信息披露量化性分值与碳会计信息披露时间性分值得分与碳会计信息披露显著性分值得分相比较而言并不理想，表明现阶段上市公司重污染行业碳会计信息披露仍然以描述性碳会计信息披露与事后碳会计信息披露为主，数量化与货币化碳会计信息披露、事前预测性碳会计信息披露相对不足。

四　碳会计信息披露质量层次评价

依据低碳战略、碳减排管理和碳减排核算三个碳会计信息披露层次，从显著性（E）、量化性（Q）和时间性（T）三个维度来评价反映重污染行业上市公司碳会计信息披露质量，见表 11－6。

表 11－6　　重污染行业上市公司碳会计信息披露质量层次

碳会计信息披露质量层次	2010 年			2011 年			2012 年			2010—2012 年平均		
	E	Q	T	E	Q	T	E	Q	T	E	Q	T
低碳战略	33.8	19.2	18.5	34.5	20.0	19.6	35.2	21.0	20.8	34.5	20.0	19.7
碳减排管理	31.2	18.2	17.5	32.6	19.8	18.5	33.5	20.0	21.2	32.5	19.3	19.0
碳减排核算	27.4	16.6	16.9	28.3	17.3	17.7	29.2	18.0	18.8	28.3	17.3	17.7

从表 11－6 中可以看出，与碳会计信息披露质量维度评价结果基本吻合，碳会计信息披露质量层次的显著性得分相对高于量化性得分和时间性得分，说明碳会计信息披露量化程度与时间效应相对不够理想。从碳会计信息披露质量层次分项得分来看，碳会计信息披露中的低碳战略的披露质量较高，不管在显著性、量化性和时间性上都相对高于碳减排管理和碳减排核算的披露质量，原因在于我国不断出台碳会计信息披露的相关规范，引起各行各业的重视，不断制定和完善企

业低碳战略。碳减排管理和碳减排核算的披露质量则相对较低，其原因在于碳减排管理和碳减排核算还处于进一步发展阶段，其管理和核算方法还需要进一步完善。重污染行业一般会在其年度报告和社会责任报告中同时提及低碳战略、碳减排管理和碳减排核算，但通常采用文字描述方式，缺乏量化信息和时间效用。

五 碳会计信息披露质量指标分析

（一）低碳战略

低碳战略信息披露主要包括低碳发展机遇与风险、碳减排目标和碳管理战略三方面的内容，从显著性（E）、量化性（Q）和时间性（T）三个维度来评价低碳战略信息披露质量，见表 11－7。

表 11－7 低碳战略信息披露质量

低碳战略	2010 年			2011 年			2012 年			2010—2012 年平均		
	E	Q	T	E	Q	T	E	Q	T	E	Q	T
低碳发展机遇与风险	34.2	19.4	18.6	34.7	20.1	19.3	35.6	21.3	20.5	34.8	20.2	19.5
碳减排目标	33.8	18.7	19.1	34.9	19.9	19.8	35.2	20.4	20.9	34.6	19.7	19.9
碳管理战略	33.4	19.5	17.9	33.8	20.1	19.7	34.9	21.2	21.1	34.0	20.2	19.6

从表 11－7 中可以看出，与碳会计信息披露质量层次评价基本一致，低碳发展机遇与风险、碳减排目标和碳管理战略的披露质量在显著性、量化性和时间性三个方面都相对较高。原因在于我国“十二五”规划对碳会计信息披露提出了相应的规划和管理，引起了管理层的高度关注。

（二）碳排放管理

碳排放管理信息披露主要包括碳减排管理机构、碳减排激励与考核机制和排污权交易三方面的内容，同样从显著性（E）、量化性（Q）和时间性（T）三个维度来评价碳排放管理信息披露质量，见

表11－8。

表11－8　　　　**碳排放管理信息披露质量**

碳排放管理	2010年			2011年			2012年			2010—2012年平均		
	E	Q	T	E	Q	T	E	Q	T	E	Q	T
碳减排管理机构	32.1	18.2	18.4	32.8	20.4	19.1	33.7	20.2	21.3	32.9	19.6	19.6
碳减排激励与考核机制	29.8	18.9	17.3	31.4	19.3	18.4	32.2	19.8	20.8	31.3	19.3	18.8
排污权交易	31.6	17.4	16.9	33.6	19.7	18.1	34.5	19.9	21.4	33.2	19.0	18.8

从表11－8中可以看出，碳排放管理中碳减排管理机构、碳减排激励与考核机制和排污权交易的显著性、量化性和时间性得分略低于低碳战略信息披露三个方面的得分，主要原因在于大多数企业碳排放管理职责比较分散，碳排放管理重视程度相对不足。此外，碳减排管理制度以及奖惩、激励与考核机制等信息一般会在年度报告披露，部分企业开始在社会责任报告中列示碳减排管理方面的信息。

（三）碳减排核算

碳减排核算信息披露主要包括碳核算方法、碳排放强度和碳减排投资与创新三方面的内容，依然从显著性（E）、量化性（Q）和时间性（T）三个维度来评价碳减排核算信息披露质量，见表11－9。

表11－9　　　　**碳减排核算信息披露质量**

碳减排核算	2010年			2011年			2012年			2010—2012年平均		
	E	Q	T	E	Q	T	E	Q	T	E	Q	T
碳核算方法	28.4	17.4	16.9	28.7	17.7	17.9	29.3	18.3	19.2	28.7	17.8	18.0
碳排放强度	26.2	16.2	17.8	28.2	16.9	18.1	29.8	17.5	18.3	28.0	16.9	18.1
碳减排投资与创新	27.7	16.1	15.9	28.1	17.2	17.2	28.5	18.2	18.8	28.1	17.2	17.1

碳减排核算信息披露质量整体得分低于低碳战略和碳减排管理，但仍然呈现信息披露显著性水平明显高于量化性与时间性水平的基本特征。《上市公司环境信息披露指南》（征求意见稿）提出重污染行业上市公司应当发布年度环境报告和社会责任报告，定期披露污染物排放情况、环境守法、环境管理等方面的环境信息。虽然我国“十二五”规划提出了碳会计信息披露的相应规范和指导，但是由于缺乏理论指导和实践经验，碳减排核算还处于起步阶段，在碳核算方法、碳排放强度和碳减排投资与创新等方面都还处于摸索阶段，导致其显著性、量化性和时间性得分都相对较低。

六　碳会计信息披露质量行业评价

依据碳会计信息披露质量评价指标体系，计算出162家样本企业2010—2012年间的碳会计信息披露质量评价值，并计算出9个重污染行业的得分均值，见表11－10。

表11－10　　9个重污染行业碳会计信息披露质量评价值

年份	火电	钢铁	水泥	煤炭	冶金	化工	石化	造纸	采矿业
2010	82.1	79.1	60.7	85.4	75.3	74.1	69.4	58.4	65.8
2011	83.3	80.3	63.8	87.8	77.4	73.2	71.2	61.3	64.2
2012	84.5	81.2	64.6	91.2	79.5	74.9	72.1	61.8	69.4
平均	83.3	80.2	63.0	88.1	77.4	74.1	71.0	60.5	66.5
排名	2	3	8	1	4	6	5	9	7

从表11－10中可以看出，9个重污染行业的碳会计信息披露质量在2010—2012年间的排名依次是：煤炭、火电、钢铁、冶金、石化、化工、采矿业、水泥和造纸。说明煤炭行业、火电行业和钢铁行业在碳会计信息披露方面做得要好于采矿行业、水泥行业和造纸行业。同时，可以发现9个重污染行业在2010—2012年三年间的碳会计信息披露质量评价值除个别行业外同样呈现出逐年增加的趋势，说明碳会计信息披露越来越引起各行各业的重视。

第四节　本章结论与政策建议

一　研究结论

本章采用层次分析法，依据显著性、量化性和时间性来反映碳会计信息披露质量的三个维度，设计低碳战略、碳减排管理和碳减排核算等碳会计信息披露质量层次与指标体系，形成碳会计信息披露指数。以重污染行业上市公司2010—2012年年报和社会责任报告为研究对象，对其碳会计信息的披露情况进行了全面和深入的分析。研究发现：（1）我国重污染行业上市公司披露碳会计信息的比例比较高且近三年有显著提高，部分行业披露碳会计信息的比例已经达到100%。（2）我国重污染行业上市公司碳会计信息披露质量近三年也逐步提高，保持上升的趋势，同时呈现出显著性的披露质量高于量化性和时间性的披露质量。（3）从分行业的情况来看，不同的重污染行业，碳会计信息披露质量存在显著的差异，说明各行业对碳会计信息披露的重视程度存在明显的不同。

二　政策建议

首先，借鉴国际碳会计信息披露框架以及CDP项目，结合我国的国情，大力推进碳会计信息披露框架建设。其次，增强上市公司对碳会计信息披露的认识和了解，积极参与碳会计信息披露项目，制定企业碳会计信息披露战略。再次，建立健全碳会计信息披露的监督机制，包括企业的外部监督机制和内部监督机制，以提高碳会计信息披露质量。最后，建立权威的多层次的碳会计信息披露质量评价体系，并建立有效的碳会计信息披露收集及核算体系，完善相关标准。

第十二章　企业碳会计信息披露影响因素研究

第一节　企业碳会计信息披露影响因素的理论分析

碳会计是环境经济学与会计学相互交叉渗透而形成的一门全新的生态会计科学，因而本书的研究假设主要借鉴环境会计对于信息披露影响因素方面的研究成果与方法。环境会计信息披露的相关实证研究主要集中于行业特征、公司规模、公司绩效、监管压力、公司治理结构几方面影响因素，也有少数对社会经济因素进行研究。

根据信号传递理论和决策有用论，管理层希望通过主动披露碳会计相关信息向社会公众和政府传递公司能力的信号，这些利益相关者需要了解节能减排实践情况，以作为他们做出决策的依据。因此，企业为了保持良好的市场份额和声誉，从而服从政府监管，树立良好的企业形象，影响投资者对公司的看法，进一步提升公司价值。委托代理理论认为，企业普遍存在“道德风险”与“逆向选择”问题，为了降低代理成本，代理人通常采取积极主动披露相关信息的方式向委托方提供信息，从而表明自身的管理优势。契约理论认为，盈利能力较强的公司管理层为了表明其管理能力与业绩，会积极披露相关信息，从而进一步满足个人经济利益最大化的追求。而负债程度越高的企业为了减少债务契约摩擦，满足债权人的需求而积极披露相关信息，向债权人表明其有较强的偿债程度。

基于我国重污染行业沪市A股公司碳会计发展的现状，本书充分考虑假设因素的代表性和样本获得的可能性，基于公司规模、盈利能力、负债程度、发展能力、股权性质、股权制衡度、社会监督水平、区域经济发展水平8个影响因素提出假设。

一 公司规模与上市公司碳会计信息披露

首先，根据委托代理理论，规模越大的公司的经营管理工作与公司治理结构越复杂，股权越分散，管理层与股东之间的利益冲突越明显，这类公司更加倾向于披露更多的会计信息来反映管理层受托责任履行情况，并减少由于信息不对称而产生的代理成本。其次，规模大的公司占用着较多的社会资源，如消耗更多的能源、材料，占用更多的场地，雇用更多的员工，提供更多的商品和服务，这类公司更容易受到政府管理部门、环保机构、媒体、社会公众和其他社会团体的关注。例如：政府通常会通过规模大的企业制定方针政策或推断行业情况；投资者为了尽可能地降低投资带来的损失和风险，需要通过各种渠道对投资对象充分了解以做出决策。最后，规模大的公司更加注重企业的长远发展，为了不断扩大资本规模、对外吸引投资者，这类公司会通过披露信息树立企业良好形象，建立高质量的利益相关者关系，谋求企业长期竞争优势。因此，本书提出如下假设：

假设1：公司规模与其碳会计信息披露水平呈正相关关系，规模越大的企业碳会计信息披露水平越高。

二 盈利能力与上市公司碳会计信息披露

首先，根据信息不对称理论，交易中总有一方掌握的信息比另一方多，处于信息劣势的一方如果要求相同的信息，必然要付出额外的经济成本，因此在分析能力和技术判断能力相对有限的情况下不愿付出更多的成本，使投资者等利益相关者无法准确区分企业的碳减排情况，而只能选择以市场的平均水平进行投资。在这种情况下，为了避免现有的和潜在的投资者由于信息不对称做出错误的决策，使企业承担更高的筹资成本，那些在碳减排中投入多且绩效好的企业会主动披露其碳会计信息，弥补投资者的信息劣势，帮助投资者在掌握企业真实经营情况的前提下做出投资决策。其次，信号传递理论认为，盈利能力强的企业更愿意通过披露更多的财务与非财务信息，向投资者、债权人、政府机关、社会公众等利益相关者传递这样一种信号，即企业对资产运用充分、资源配置合理、利用效率高，能够为投资者赚取更大利益，同时很好地履行自己应承担的社会责任，从而获得市场对其经营绩效及盈利水平的正确评价，吸引更多的投资者。最后，契约理论认为企业的经济效益和碳减排方面的努力与优势能够维持企业的形象、地位、声誉，管理层会以此作为其要求高额报酬的一个合理理由。因此，本书提出如下假设：

假设2：企业的盈利能力与其碳会计信息披露水平呈正相关关系，盈利能力越强的企业碳会计信息披露水平越高。

三　负债程度与上市公司碳会计信息披露

根据委托代理理论，当企业的投资收益率大于负债利率时，企业的负债程度越高，股东越倾向于使用更多的负债获得权益资本收益，债权人为了确保资金安全通常会提高利率、限制资金用途、为债权提供担保等，这便会形成股东、债权人、管理经营层三者之间的利益冲突，提高代理成本。而会计信息披露能够更好地向股东和债权人反映情况，增强债权人的信任，有效降低代理成本。此外，随着我国碳减排计划的实施，企业碳排放问题对于财务风险的影响越来越大，债权人对资金安全性的要求也越来越与企业的低碳行为密切相关。如企业碳排放超标的处罚金支出、环境污染的治理成本、为达到政府碳排放标准更新污染严重的生产设备和研发投入等，都会影响债权人利益，进而影响他们的投资决策。因此，企业为了保证融资渠道的通畅，会更积极主动地对碳会计信息进行披露，为扩大融资和控制资金成本奠定良好基础。因此，本书提出如下假设：

假设3：企业的负债程度与其碳会计信息披露水平呈正相关关系，负债程度越强的企业碳会计信息披露水平越高。

四　发展能力与上市公司碳会计信息披露

根据企业生命周期理论，任何一个企业都要经历起步、成长、成熟、衰退四个发展阶段，不同阶段适应不同的发展战略。处于成长阶段的企业需要大量利益相关者的支持，如政府出台有利政策、投资者为企业提供外部资金、消费者为企业提供现金流、员工为企业提供创造能力、社区为企业提供新的生产经营场所等。企业为了高速成长，会尽量满足各个利益相关者的需求，如更愿意披露碳会计信息，让利益相关者及社会各界全面了解自己，以建立高质量的利益相关者关系，树立企业良好形象，得到更加广泛的支持。此外，发展能力较强的企业有更广阔的发展前景和更多的扩张潜力，这类企业更愿意以突出的低碳节能表现来吸引潜在的投资者、合作伙伴、顾客等。因此，本书提出如下假设：

假设4：企业的发展能力与其碳会计信息披露水平呈正相关关系，发展能力越强的企业碳会计信息披露水平越高。

五　股权性质与上市公司碳会计信息披露

本书按照一般意义上对上市公司股权性质的分类，将所选取的公司样本分为国有控股和非国有控股两类。国有控股企业相对于非国有控股企业而言，其实际控制人是国家，因而直接受到国家的干预和监管，不但要确保国有资产保值增值，还要在推进国家政策执行、履行社会责任等方面起到模范带头作用。因此，国有控股企业不仅关心经济效益，还关注环境效益和社会效益。在国家大力倡导低碳经济的背景下，国有控股企业需要承担更多的社会责任、向社会公众披露质量更高的碳会计信息。而对于非国有控股企业，其主要投资者最关注的无疑是股东价值最大化，即非国有控股企业可能更加关注经济效益，而不是环境效益和社会效益。因此，国有控股企业在节能减排实践方面要优于非国有控股企业。因此，本书提出如下假设：

假设5：国有控股企业的碳会计信息披露水平高于非国有控股企业的碳会计信息披露水平。

六　股权制衡度与上市公司碳会计信息披露

股权制衡是指几个大股东分享控制权，通过内部牵制，使得任何一个大股东都无法单独控制企业，大股东相互监督既能发挥股权相对集中的优势，又能有效抑制大股东对上市公司利益的侵害。在合理范围内，股权制衡程度越高，外部股东监督的动机和能力越强，制衡控股股东的能力也越强，这样能够有效削弱控股股东侵害公司利益的能力，从而达到积极维护企业价值的效果。制衡股东能有效牵制大股东的行为，有利于提高管理层的独立性，从而强化对管理层的激励效果，同时制衡股东的存在使得管理层同时受到内外部力量的双重监督，管理层在作出经营决策时必须考虑更广泛利益相关者的利益。因此，股权制衡能够有效缓解大股东与小股东之间的利益冲突，降低公司的代理成本，从而更有效地监督管理者行为，及时更换无效管理者，改善公司治理水平。因此，本书提出如下假设：

假设6：企业的股权制衡度与其碳会计信息披露水平呈正相关关系，股权制衡度越高的企业碳会计信息披露水平越高。

七　社会监督水平与上市公司碳会计信息披露

根据信号传递理论，规模较大的会计师事务所信誉较高，注重内部管理，积极制定和完善审计工作程序和质量控制制度，而且审计人员具有较强的敬业精神和过硬的专业素质，能够保障经其审计的上市公司披露较高质量的信息。根据委托代理理论，规模较大的会计师事务所客户较多，对客户的依赖程度低，为了维护其企业形象和声誉，他们会要求上市公司采用更为广泛和更为严厉的信息披露方式。因此，本书提出如下假设：

假设7：企业受到的社会监督水平与其碳会计信息披露水平呈正相关关系，社会监督水平越高的企业碳会计信息披露水平越高。

八　区域经济发展水平与上市公司碳会计信息披露

首先，一个地区的经济发展水平越高，越能够吸引更多的高级管理人才，企业的总体经营管理水平更高，公司治理结构也更加完善，企业追求的经济利益已经达到一定程度，企业能够有更多的精力与资本去关注环境效益与社会效益，这些都有助于提高企业的碳会计信息披露水平。其次，经济发达地区的市场化程度相对较高，投资者、债权人等利益相关者具有较高的文化素养和环境意识，他们在进行投资决策时会将企业或产品的低碳节能因素考虑在内。最后，经济发达地区地方政府和环保部门会制定更加严格的碳排放标准和监管制度，促进地区经济和环境保护协调发展。因此，在经济发展水平高的地区，政府和社会公众的监督与企业管理层自身意愿使企业会及时对外披露相关碳会计信息，以赢得政府和其他利益相关者的信任，为企业创造良好的发展环境。因此，本书提出如下假设：

假设8：企业所在地区的经济发展水平与其碳会计信息披露水平呈正相关关系，区域经济发展水平越高的企业碳会计信息披露水平越高。

图12－1为本研究所选取的被解释变量和解释变量。

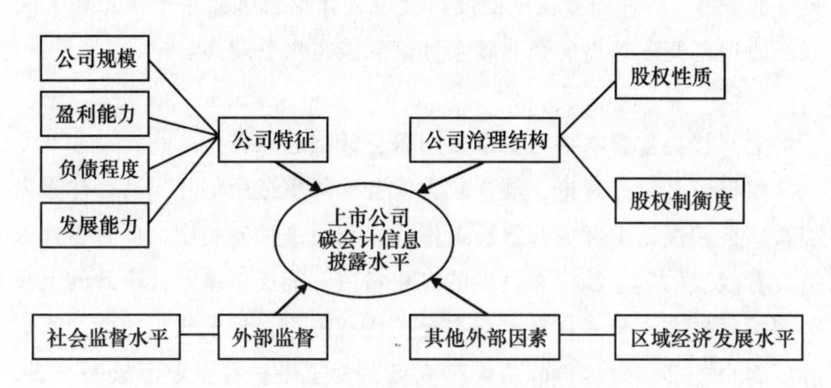

图12－1　被解释变量和解释变量

第二节　企业碳会计信息披露影响因素实证研究设计

一　样本选取与数据来源

（一）样本选取

本章选取2010年前在上海证券交易所上市的所有重污染行业的A股上市公司为初选研究样本。

（1）上海证券交易所的市场效率较高，且社会责任披露状况较好，所以本章仅选择上交所 A 股上市公司作为研究对象。

（2）本章主要研究正常运营情况下的上市公司，因此剔除 2010—2012 年间经营状况出现异常的 ST、*ST 公司。

（3）本章需要从上市公司的年报、社会责任报告获取信息，因此剔除 2010—2012 年间数据有缺失的上市公司。

（4）本章需要保证上市公司的稳定性和样本数据的连贯性，故剔除新上市公司。

（5）根据 2010 年 9 月 14 日环保部公布的《上市公司环境信息披露指南》（征求意见稿）、《上市公司环保核查行业分类管理名录》（环办函〔2008〕373 号）和中国证监会 2013 年发布的《上市公司行业分类指引》（2013 年修订），我们将涉及的火电、钢铁、水泥、电解铝、煤炭、冶金、化工、石化、建材、造纸、酿造、制药、发酵、纺织、制革和采矿业 16 类行业分为 8 类，即采掘、金属非金属、石化塑胶、生物医药、水电煤气、纺织服装皮毛、食品饮料、造纸印刷。

经过上述筛选，本章确定了 8 个重污染行业的 285 家沪市 A 股上市公司作为研究样本。附表 1 列示了 285 家样本公司统计表，表 12－1列示了 285 家样本公司的行业分布情况。

表 12－1　**样本公司行业分布**

行业	采掘	金属非金属	石化塑胶	生物医药	水电煤气	纺织服装皮毛	食品饮料	造纸印刷	合计
样本数（家）	29	55	47	47	37	26	33	11	285
占本行业比重（%）	51.79	30.22	21.36	38.52	50	33.33	36.67	26.19	33.03
占总样本比重（%）	10.18	19.30	16.49	16.49	12.98	9.12	11.58	3.86	100

（二）数据来源

本章样本公司 2010—2012 年的年报、社会责任报告信息来自上海证券交易所网站（http：//www. sse. com. cn/）、国泰安数据库（http：//www. gtarsc. com）以及各企业官网。

二　被解释变量与解释变量构建

（一）被解释变量

本章主要对我国重污染行业上市公司碳会计信息披露水平的影响因素进行实证研究，因此用碳会计信息披露指数 CAIDI（Carbon Accounting Information Disclosure Index）来定义被解释变量碳会计信息披露水平。本章根据上市公司年报的披露特点，先将碳会计信息分为6类，见表12－2；再将各样本公司年报中与上述6项内容有关的信息归入相应的类别中，按显著性、量化性和时间性三个质量维度分别计分，见表12－3；最后加总计算得到碳会计信息披露指数，见表12－4。

表12－2　**碳会计信息披露指标**

指标	信息内容
指标1	企业发展低碳减排的相关政策、法规、方针、年度目标及计划
指标2	企业在低碳减排过程中的信息以及取得成效，包括节能降耗、节约标准煤（吨）和减少二氧化碳排放（立方米），企业参与清洁发展机制情况披露等
指标3	企业发展低碳经济和低碳减排的技术开发与固定资产投入的建设运行情况，包括技术改造与研发成果，已有、新增及拟投资的固定资产情况
指标4	企业发展低碳经济的相关费用支出
指标5	企业履行低碳经济和低碳减排社会责任带来的经济效益和社会效益，包括受到的国家和地方政府的奖励和清洁生产补助、环保补助等，受到的行业和有关社会团体的奖励等
指标6	企业披露相关碳会计信息对公司生产经营、财务状况及未来发展可能带来的影响

表12－3　**质量维度**

质量维度	得分	要　求
显著性	1分	碳会计信息仅在年报中的非财务部分披露，赋值1分
	2分	若在财务部分披露，赋值2分
	3分	既在财务部分披露又在非财务部分披露，赋值3分

续表

质量维度	得分	要　求
量化性	1分	若披露的碳会计信息只是文字性描述，赋值1分
	2分	若披露的是数量化但非货币化信息，赋值2分
	3分	若披露的是货币化信息，赋值3分
时间性	1分	若披露的是关于现在的信息，赋值1分
	2分	若披露的是有关未来的信息，赋值2分
	3分	若披露的是现在与过去对比的信息，赋值3分

表12－4　　　　**样本公司碳会计信息披露指数得分样表**

样本	指标	显著性（0～3）	量化性（0～3）	时间性（0～3）	各指标总分（0～9）	样本总分（0～54）
样本1	指标1					
	指标2					
	指标3					
	指标4					
	指标5					
	指标6					

（二）解释变量

依据提出的假设，对所选样本公司分别从公司特征、治理结构、外部监管和其他4个方面设置8个解释变量，分别为：公司规模、盈利能力、负债程度、发展能力、股权性质、股权制衡度、社会监督水平、区域经济发展水平。

1. 公司规模

销售收入、资产总额、市值等指标都可用来衡量企业规模。其中，期末总资产是与公司特征相联系的内生变量，不易受到资本市场变动的影响，且期末总资产考虑到了上市公司管理层的会计责任，即建立和健全公司内部控制制度，保护资产的完整与安全，与信息披露的关联性更大。因此，我们利用期末总资产的自然对数研究企业规模对碳会计信息披露水平的影响。

2. 盈利能力

净资产收益率是一个最具综合性的衡量盈利水平的指标，是一定时期内公司净利润与股东权益的比率，能够从股东角度反映投入所能带来的回报。股东可以通过净资产收益率比较不同企业，选择能够给自己带来最大投资回报的公司作为投资对象。

3. 负债程度

选取总资产负债率衡量企业的负债水平。资产负债率是上市公司负债总额与资产总额之间的比例关系，能够比较全面、直接地反映企业的负债程度。

4. 发展能力

营业收入增长率是判断企业发展阶段和衡量发展能力的重要指标。能够连续几年保持较高的营业收入增长速度的企业拥有较大的产品市场需求量，业务和市场拓展潜力大，这类企业发展能力较强。因此，我们选取营业收入增长率衡量企业的发展能力。

5. 股权性质

本章用是否为国有控股企业作为衡量股权性质的标准，若样本企业为国有性质则取值为1，否则取值为0。股权性质在本章的变量设计中作为一个虚拟变量，其数值没有任何数量大小的意义。

6. 股权制衡度

股权制衡度主要用于衡量外部股东相对控股股东的势力强弱。本章以上市公司前十大股东为计算对象，即股权制衡度为该上市公司第二至第十位大股东持股比例之和与第一大股东持股比例的比值。

股权制衡度 = 第二至第十大股东持股比例之和 ÷ 控股股东持股比例

7. 社会监督水平

根据中国注册会计师协会行业管理信息系统最新显示数据，截至2012年12月31日，全国共有会计师事务所8128家。全国排名在前十五位的会计师事务所具有较高水平的规模、信誉和影响力。本章用是否经过国内排名前十五的会计师事务所审计衡量企业受到的社会监督水平，若经过排名前十五的会计师事务所审计取值为1，否则取0。

8. 区域经济发展水平

人均地区生产总值是指一定时期内按平均常住人口计算的地区生产总值。本章采用人均地区生产总值的自然对数衡量企业所在地区的经济发展水平。

表 12－5 为变量定义表。

表 12－5　　　　　　**变量定义表**

变量类型	变量名称	选取指标	代表符号	变量定义	预期符号
被解释变量	碳会计信息披露水平	碳会计信息披露指数	CAIDI		
解释变量	公司规模	公司规模	SIZE	公司资产总额的自然对数	+
	盈利能力	净资产收益率	ROE	净利润÷总资产余额	+
	负债程度	资产负债率	LEV	总负债÷总资产	+
	发展能力	总资产增长率	TAG	（营业收入总额－上年营业收入总额）÷上年营业收入总额	+
	股权性质	股权性质	OP	是否为国有控股企业	+
	股权制衡度	股权制衡度	EBD	第二至第十大股东持股比例之和÷控股股东持股比例	+
	社会监督水平	会计师事务所排名	AF	是否经过国内排名前十五的会计师事务所审计	+
	区域经济发展水平	人均地区生产总值	PGDP	人均地区生产总值的自然对数	+

三　多元回归模型构建

根据本章提出的假设以及被解释变量、解释变量的设计，在对我国重污染行业上市公司碳会计信息披露影响因素的实证分析中，我们构建了以下多元回归模型：

$$CAIDI_i = \alpha + \beta_1 SIZE_i + \beta_2 ROE_i + \beta_3 LEV_i + \beta_4 TAG_i + \beta_5 OP + \beta_6 EBD_i + \beta_7 AF_i + \beta_8 PGDP_i + \varepsilon_i$$

其中：α 为常数项；β 代表解释变量的回归系数；解释变量下标 i 表示第 i 个样本单位的指标值；ε_i 为随机扰动项。

第三节　碳会计信息披露影响因素描述性统计分析

一　被解释变量描述性统计分析

对于被解释变量——碳会计信息披露指数，本章从不同年度和不同行业两个维度进行分析。表 12－6 从不同年度对碳会计信息披露指数（CAIDI）进行描述性分析，表 12－7 从不同行业对碳会计信息披露指数进行描述性分析。

由表 12－6 可以看出，对于相同的样本，碳会计信息披露指数的平均值在 2010—2012 年间逐步增长，总体呈现上升趋势发展，其中，2011 年和 2012 年的样本平均值均超过三年间的样本总平均值。这说明随着国家节能减排政策的不断推进和低碳经济的不断发展，我国重污染行业的上市公司的低碳减排意识逐渐增强，并越来越倾向于对外披露碳会计信息。2010—2012 年间，碳会计信息披露指数每年的最小值均为 0，最大值均为 30，且标准差均在 7 以上。这说明每年不同样本的碳会计信息披露总分差距较大，碳会计信息披露表现良莠不齐，且最高得分与满分（54 分）差距较大，我国重污染行业的上市公司的低碳减排意识仍需进一步增强。

表 12－6　**CAIDI 分年度描述性统计**

年份	样本数	平均值	标准差	最小值	最大值
2010	285	3.947368	7.363837	0	30
2011	285	4.422807	7.550138	0	30
2012	285	4.685965	7.820419	0	30
总计	855	4.352047	7.577742	0	30

由表 12－7 可以看出，采掘行业的碳会计信息披露指数平均值为 11.56548，远远高于其他 7 个重污染行业，这说明采掘行业对外披露

的碳会计信息最多，低碳减排意识最强。但是其标准差为11.00131，同样是8个重污染行业中最高的，说明采掘行业的上市公司在碳会计信息披露方面差距较大。纺织、服装、皮毛行业和造纸、印刷行业的碳会计信息披露指数平均值分别为1.596154和1.818182，均低于其他6个重污染行业的水平，说明这两个行业对外披露的碳会计信息较少，低碳减排意识较弱。纺织、服装、皮毛，生物制药，石化塑胶，食品、饮料，水电煤气，造纸、印刷6个行业的碳会计信息披露指数平均值均低于8个重污染行业的总体平均值，说明我国重污染行业的上市公司的低碳减排意识仍需进一步增强。

表12－7　　　　　　CAIDI分行业描述性统计

行业	样本数	平均值	标准差	最小值	最大值
采掘	84	11.56548	11.00131	0	30
纺织、服装、皮毛	78	1.596154	3.999235	0	15
金属非金属	165	4.878788	8.17625	0	24
生物制药	141	3.446809	5.60889	0	18
石化塑胶	141	4.280142	8.110921	0	30
食品、饮料	99	3.348485	5.864305	0	20
水电煤气	114	2.973684	5.165338	0	15
造纸、印刷	33	1.818182	5.981506	0	23
总计	855	4.352047	7.577742	0	30

二　解释变量描述性统计分析

表12－8列示出了解释变量的描述性统计分析结果。由表12－8可以看出，公司规模的标准差为1.398726，说明本章所选的样本公司的规模参差不齐，同时也说明样本选取较为全面。净资产收益率的最小值为－0.894791，表示有的公司盈利能力较差。总资产增长率的最小值为－2.053911，最大值为18.95839，表明有的公司正处于行业发展不景气的阶段或呈现出萎缩趋势，有的公司则处于发展上升阶段，标准差为1.237532，表示样本公司的发展能力差距较大。股权

性质的平均值为0.6947368，表示69.47%的样本公司是国有控股性质。社会监督水平的平均值为0.5321637，表示53.22%的样本公司由国内排名前十五的会计师事务所审计，运营效率低下。

表12-8 **解释变量描述性统计**

变量	样本数	平均值	标准差	最小值	最大值
公司规模（SIZE）	855	22.48163	1.398726	19.21298	28.40521
盈利能力（ROE）	855	0.0785625	0.1159024	-0.894791	0.617458
负债程度（LEV）	855	0.5135548	0.182363	0.031757	0.89433
发展能力（TAG）	855	0.2671964	1.237532	-2.053911	18.95839
股权性质（OP）	855	0.6947368	0.4607883	0	1
股权制衡度（EBD）	855	0.5704132	0.5919462	0.0084477	3.844622
社会监督水平（AF）	855	0.5321637	0.4992565	0	1
区域经济发展水平（PGDP）	855	10.62309	0.4738827	9.481817	11.44221

三　变量间相关性检验分析

为了确保解释变量之间不存在多重共线性，准确地衡量解释变量对被解释变量的影响程度，需要对变量间进行相关性检验分析，避免因解释变量间有显著相关性而影响回归分析结果。

对本章的样本数据进行Pearson相关性系数检验。表12-9为Pearson相关性系数表。由表12-9可以看出，被解释变量碳会计信息披露指数与公司规模、盈利能力、股权性质、社会监督水平、区域经济发展水平在1%水平上具有显著相关性，与发展能力在5%水平上具有显著相关性，这可以初步验证上述6个解释变量与被解释变量存在线性关系，为进一步在多元回归分析中论证其具体关系奠定基础。一般来说，当相关系数大于0.7时，变量间高度相关，进行多元回归时可能引起多重共线性。本章的相关系数最大值为0.495，远远小于0.8，大部分系数小于0.2，几乎不相关，所以存在多重共线性的可能性较小。

表 12 - 9　　Pearson 相关性系数表

	CAIDI	SIZE	ROE	LEV	TAG	OP	EBD	AF	PGDP
CAIDI	1.000	—	—	—	—	—	—	—	—
SIZE	0.495***	1.000	—	—	—	—	—	—	—
ROE	0.126***	0.067*	1.000	—	—	—	—	—	—
LEV	-0.019	0.326***	-0.243***	1.000	—	—	—	—	—
TAG	-0.069**	-0.094***	0.007	0.015	1.000	—	—	—	—
OP	0.181***	0.222***	0.054	0.062*	-0.051	1.000	—	—	—
EBD	-0.021	-0.060*	0.055	-0.062*	-0.021	-0.129***	1.000	—	—
AF	0.120***	0.170***	0.063*	-0.008	-0.103***	0.132***	-0.013	1.000	—
PGDP	0.195***	0.121***	-0.012	-0.068**	0.001	0.003	-0.019	0.124***	1.000

注：*** 表示在 0.01 水平（双侧）上显著相关；** 表示在 0.05 水平（双侧）上显著相关；* 表示在 0.1 水平（双侧）上显著相关。

为进一步检验样本数据的相关性，在 Pearson 系数相关性分析的基础上，对方差膨胀因子和容忍度进行分析。表 12 - 10 为多重共线性诊断表。方差膨胀因子是容忍度的倒数，方差膨胀因子（VIF）越大，显示共线性越严重。一般来说，当 0 < VIF < 10，不存在多重共线性；当 10≤VIF < 100，存在较强的多重共线性；当 VIF≥100，存在严重的多重共线性。由表 12 - 10 可以看出，本章解释变量的方差膨胀因子都小于 2，不存在多重共线性，因此可以进行多元线性回归分析。

表 12 - 10　　多重共线性诊断表

解释变量	方差膨胀因子（VIF）	容忍度（1/VIF）
SIZE	1.26	0.790601
ROE	1.10	0.908411
LEV	1.24	0.805946
TAG	1.02	0.978572
OP	1.08	0.924522
EBD	1.02	0.976203
AF	1.06	0.939093
PGDP	1.04	0.957599

第四节　企业碳会计信息披露影响因素实证研究结果

本节将样本数据代入构建的模型中进行运算，表12－11为回归方程的显著性检验，表12－12为回归模型的方差分析，表12－13为各个解释变量对被解释变量的相关性及相关程度的统计分析。

一　回归模型显著性检验

样本相关系数R是表示解释变量与被解释变量之间是否存在显著线性关系的指标。一般来说，样本相关系数的取值范围在0～1之间，取值越接近于0，表明解释变量与被解释变量之间的线性关系越弱；取值越接近于1，表明两者的线性关系越强。由表12－11可以看出，R＝0.5498，对于属于社会科学范围的碳会计信息披露研究，R为0.5498表明模型是可以接受的。

样本可决系数R^2是衡量样本回归线和样本观测值拟合优度的指标。当样本容量增大时，样本可决系数会随之增大，因此当样本容量足够大时，样本可决系数所代表的含义就会被曲解，为了消除这种影响，我们最终引入调整的样本可决系数。当调整的$R^2>0.1$时，表明模型中解释变量的能力是可以被接受的。由表12－11可以看出，R^2为0.3023，调整R^2为0.2957，说明该模型解释变量的能力虽然有限，但仍在我们可以接受的范围之内。

表12－11　**回归方程显著性检验表**

模型	R	R^2	调整R^2	标准差
1	0.5498	0.3023	0.2957	6.3593

二　回归模型方差检验

一般来说，F统计量的显著性水平要求小于给定的显著性水平，越接近于0越好。由表12－12可以看出，模型的F统计量的显著性水平为0.0000，这表明回归模型是显著的。

表12－12　　　　　　　　　　　模型方差分析表

	平方和	自由度	均方	F值	显著性水平
回归	14825.5177	8	1853.18972	45.82	0.0000
残差	34213.0162	846	40.4409175	—	—
总计	49038.5339	854	—	—	—

三　多元回归模型显著性检验

对于回归模型的显著性检验分析，由表12－13中的P值可以看出，解释变量公司规模、负债能力、区域经济发展水平的显著性水平均为0.000，说明这三个解释变量通过了1%水平的显著性检验；股权性质的显著性水平为0.014，小于0.05，说明这个解释变量通过了5%水平的显著性检验；而盈利能力、发展能力、股权制衡度、社会监督水平的显著性水平均大于0.1，说明这四个变量没有通过显著性检验。

对于回归模型系数的相关性分析，由表12－13中的非标准化系数可以看出，公司规模、股权性质、区域经济发展水平与被解释变量均为正相关，与本章的假设结论一致。而负债能力虽然通过了显著性检验，但与被解释变量负相关，与预期不一致。

表12－13　　　　　　　　　　　回归系数表

变量	非标准化系数		标准化系数	T	P
	B	标准差	BETA		
常量	-76.52642	5.785177	—	-13.23	0.000
SIZE	2.792	0.1749727	0.5153572	15.96	0.000
ROE	3.100744	1.969916	0.0474262	1.57	0.116
LEV	-7.117561	1.329205	-0.1712885	-5.35	0.000
TAG	-0.0878141	0.1777578	-0.0143411	-0.49	0.621
OP	1.211058	0.4911583	0.0736422	2.47	0.014

续表

变量	非标准化系数		标准化系数	T	P
	B	标准差	BETA		
EBD	0.1122601	0.372074	0.0087694	0.30	0.763
AF	0.0254587	0.4497836	0.0016773	0.06	0.955
PGDP	1.941613	0.4692658	0.1214209	4.14	0.000

综上，将解释变量公司规模、负债能力、股权性质、区域经济发展水平的回归系数代入回归方程，得到如下回归模型：

$$CAIDI_i = -76.52642 + 2.792SIZE_i - 7.117561LEV_i + 1.211058OP + 1.941613PGDP_i$$

四 实证研究结论分析

基于上述多元回归分析结果，对比本章提出的对于我国上市公司碳会计信息披露水平影响因素的假设，得出如下主要结论：

假设 1：公司规模与其碳会计信息披露水平呈正相关关系，规模越大的企业碳会计信息披露水平越高。

该假设在 1% 的概率水平上通过了显著性检验，相关性为正相关，与假设一致。一方面，规模较大的公司以其雄厚的经济实力，对环境产生更为显著的影响。另一方面，政府部门、社会团体、舆论媒体以及社会公众等更容易关注规模较大的公司，关注内容不仅包括其所产生的经济效益，也包括企业的环境治理等社会责任。因此，从自身发展和外部压力的角度考虑，规模较大的公司能够更主动地对外披露碳会计信息，减少不利信息的影响，赢得更多投资者关注并吸引更多资金投入。

假设 2：企业的盈利能力与其碳会计信息披露水平呈正相关关系，盈利能力越强的企业碳会计信息披露水平越高。

该假设在本章的实证研究中没有得到证实，尽管呈现正相关性，但对于上市公司碳会计信息披露的显著性较弱。盈利能力较强的公司为了吸引更多投资者，会更加倾向于对外披露碳会计信息，但该影响因素作用不大。目前，盈利能力强的公司更加注重经济效益，说明碳会计在我国上市公司的实务中还处于起步阶段，并没有引起上市公司和投资者的充分重视。

假设3：企业的负债程度与其碳会计信息披露水平呈正相关关系，负债程度越强的企业碳会计信息披露水平越高。

该假设在1%的概率水平上通过了显著性检验，但相关性为负相关，与假设不一致。企业的负债程度越高，企业财务风险和经营风险越大，企业会尽可能披露相对有利的信息，确保自己未来的融资能力不受限制。然而，从本章的回归分析可以看出，企业的负债程度与其碳会计信息披露水平呈负相关关系，这可能是因为重污染行业的上市公司在负债程度较高的情况下，无暇进行大量的低碳减排投资，甚至要面对环境污染或罚款等情况。企业无法披露碳会计方面的相对有利信息，若企业对外披露相对不利的碳会计信息，债权人和潜在的投资者会认为该企业在治理和环境保护方面的负担过重，影响企业可持续发展，最终会影响企业的融资能力。所以，重污染企业在负债程度很高时，会减少对碳会计信息的披露。

假设4：企业的发展能力与其碳会计信息披露水平呈正相关关系，发展能力越强的企业碳会计信息披露水平越高。

该假设在本章的实证研究中没有得到证实，本章实证研究选取的是营业收入增长率指标，出现负相关的研究结果，可能是由于发展能力较强的企业各项经营活动更加频繁，对于大气的影响程度可能会加剧，为减少不利因素对自身发展的影响或是保证经营活动中的隐私，而不愿意过多披露碳会计信息，甚至刻意回避和隐瞒一些由自身迅速发展带来的环境问题。

假设5：国有控股企业的碳会计信息披露水平高于非国有控股企业的碳会计信息披露水平。

该假设在5%的概率水平上通过了显著性检验，相关性为正相关，与假设一致。国有控股企业相对于非国有控股企业，受到政府干预程度较大，承担的社会责任较多，企业更加重视国家当前的节能减排政策，从而更倾向于对外披露碳会计信息。而在目前我国对于碳会计信息披露的法律法规十分不健全，许多企业违法之后也不会受到惩罚，或者处罚成本较小的背景下，非国有控股企业可能不会花费过多成本进行碳会计信息披露。

假设6：企业的股权制衡度与其碳会计信息披露水平呈正相关关系，股权制衡度越高的企业碳会计信息披露水平越高。

该假设在本章的实证研究中没有得到证实，尽管呈现正相关性，但对于上市公司碳会计信息披露的显著性较弱。目前，我国上市公司的股权制衡度并不高，且大部分上市公司都以国有股权“一股独大”，中小股东难以监督和约束控股股东和管理层的公司治理行为，因此企业的股权制衡度对其碳会计信息披露水平影响并不显著。

假设7：企业受到的社会监督水平与其碳会计信息披露水平呈正相关关系，社会监督水平越高的企业碳会计信息披露水平越高。

该假设在本章的实证研究中没有得到证实，尽管呈现正相关性，但对于上市公司碳会计信息披露的显著性较弱。本章实证研究选取企业是否经过国内排名前十五的会计师事务所审计衡量企业受到的社会监督水平，规模较大的会计师事务所虽然审计人员具有较强的敬业精神和过硬的专业素质，但是对企业的碳会计披露内容影响不大。

假设8：企业所在地区的经济发展水平与其碳会计信息披露水平呈正相关关系，区域经济发展水平越高的企业碳会计信息披露水平越高。

该假设在1%的概率水平上通过了显著性检验，相关性为正相关，与假设一致。经济发达地区的市场化程度较高，投资者对企业的信息需求更多，而且经济发达地区的社会公众的环保意识相对较高，对环境信息披露的需求更强烈，政府和环保部门对公司环境污染问题的管制更加严格，企业出于政府、社会公众和自身发展等多方面的影响，所以会主动披露更详细、更全面的碳会计信息。

第十三章　研究结论及政策建议

第一节　主要研究结论

通过以上分析，得出以下结论：由于我国近年来工业化进程加快，二氧化碳排放过度，以致我国从二氧化碳排放总量、人均二氧化碳排放量、二氧化碳排放强度等方面均已成为二氧化碳排放大国，尤其是二氧化碳排放总量更是超越美国成为排放第一大国，这凸显了我国二氧化碳排放问题的严重性。同时，从经济视角审视二氧化碳排放过度问题，主要是由于环境资源配置的不完全市场性、外部性，法律和行政手段的局限性，二氧化碳排放权交易市场构建困难较大等造成国内二氧化碳排放量过高及我国二氧化碳排放效率低下。

通过对相关和回归分析法、数据包络分析法、可计算一般均衡模型和指数分解法这四种二氧化碳排放影响因素的研究方法进行对比分析，依据研究内容和数据条件，最后选取指数分解法进行二氧化碳排放影响因素研究。通过改进的 Laspeyres 指标分解模型对二氧化碳排放影响因素进行分解，选取经济结构效应、行业结构效应、能源强度效应和能源结构效应四方面的指标，但这四者存在相互联系，不易割裂和计算。最后通过对公式变形，选取各行业能源强度作为研究指标，以此进行深入分析。

通过对我国行业能源强度进行测算，同时添加各行业在国民经济中所占比重，得出各行业的能源敏感性指数，以此指数将我国行业分为三大类：（1）二氧化碳排放重点治理行业，包括制造业、生活消费和其他行业；（2）二氧化碳排放持续关注行业，包括采掘业，电力、燃气及水的生产和供应业，交通运输、仓储和邮政业；（3）二氧化碳排放安全可控行业，包括批发和零售业，住宿餐饮业，农林牧渔业，水利业，建筑业。以此便于找出我国节能减排工作的重点。

最后从我国各行业的能源效率角度出发，并选取工业为主要研究对象，计算出不同省市工业的能源效率，同时对我国各地区工业能效做出差别分类，工业高能效省市经济发达、制造业发展水平较高，说明这些省市的工业生产工艺先进、科技水平较高、人力资源素质较高、注重节能环保。河北、山西、河南、内蒙古等地工业能源效率低下，对节能减排缺乏足够的重视，同时由于生产设备落后和生产方式过于粗放导致其能源效率较低，这些省市应加大对节能减排的投入。工业较高能效地区为北京、吉林、黑龙江、天津、上海、重庆、山东、福建、海南、西藏、青海、江西、湖南、陕西。工业较低能效地区为安徽、广西、四川、云南、甘肃、宁夏、新疆、辽宁、贵州、湖北。

这为之后研究行业二氧化碳减排潜力提供了可能，以最优工业能源效率省市为参照省市，通过潜力模型计算出不同地区同行业的减排潜力，实证分析工业和第三产业二氧化碳减排潜力均在40%～48%之间。说明我国在现有水平下，其他省市以最优省市的发展模式进行改进是完全有能力完成减排任务的。同时，由于各省市地理条件、人文环境等差异，将我国各省市分为华北地区、华南地区、东北地区、西南地区、西北地区、华中地区六大区域，并以各大区域中工业能效最值作为参照值，测算区域内各省市工业的碳减排潜力，这样测得的工业减排潜力更符合实际情况。最后通过碳排放退耦模型，测算出我国近年来退耦值在0.5左右，说明随着工业化的逐步深入，行业从资源粗放型向资源密集型转变，资源利用效率得到一定程度的提高，但是在二氧化碳绝对量上减排量要小于经济增长带来的二氧化碳排放量增加，因此总的二氧化碳排放还在不断增加，二氧化碳的减排政策、措施等有效性和效率还不能得到保证。

第二节　碳减排和碳会计信息监管政策建议

根据前述研究成果，不同地区、不同行业的二氧化碳实际排放情况、能源强度、二氧化碳排放效率和减排潜力都不尽相同。因此，为了保证我国国民经济健康发展，尽快降低二氧化碳排放量，根据地区、行业的现状和特点进行区分对待就显得尤为重要。前文中从行业能源敏感性指数出发将我国行业分为三大类，同时结合减排潜力及排放影响因素分析，在此分别对三类行业提出优化建议。

一　针对二氧化碳排放重点治理行业

制造业、生活消费和其他行业是我国二氧化碳排放重点治理行业，应该引起全社会的高度重视。虽然我国目前正处于工业化的关键时期，但是不能只一味地追求高速发展，同时还应该注意环境保护工作，不能再走西方国家先发展后治理的老道路，要注重可持续性发展。

（一）加强地区间同行业互助

根据二氧化碳减排潜力的测算依据，不同地区同行业的能源效率存在差异，能源效率较低的省份应该借鉴能源高效省份的先进经验，加强管理，组织相关企业领导到先进企业考察学习。同时高效企业应为低效企业提高技术支持，使其能源效率尽快提高，从而更快地实现我国在气候变化大会中提出的节能减排目标。

（二）优化能源结构，使用新型环保能源

前文二氧化碳排放影响因素分析中提到，能源强度和原油在能源消费中所占比重对二氧化碳排放有较大正相关影响，所以优化能源结构就显得格外重要。大力发展新型环保能源，例如太阳能、风能、水能，甚至核能。同时构建能源循环使用设施，杜绝能源浪费。这将有效降低我国二氧化碳排放量。

（三）运用税收手段促进低碳生产

企业法人开征二氧化碳排放超标税，确保大气环境的良性循环。

我国目前解决二氧化碳排放问题主要是采取二氧化碳排放收费制度。由于这项制度缺乏强制性和规范性，因而征收困难、征收不足、任意拖欠现象时有发生。把现行的二氧化碳排放收费制度改为二氧化碳排放超标税制度，会更有利于大气环境的保护和高效降低二氧化碳排放量。

首先，将收费改为征税，可以使二氧化碳排放者认识到对其二氧化碳排放超标付费负有法律责任，提高二氧化碳排放超标者的大气环境保护意识。尤其是使企业管理者认识到二氧化碳排放超标是一种浪费，是生产中低效率的表现。其次，征收碳排放超标税后，征收的执行管理工作统一归税务部门负责，可以防止管理部门过多而产生的责任不明、减少机构重叠和管理费用膨胀；最后，二氧化碳排放超标税的开征，有助于为节能减排事业筹集稳定可靠的资金，使节能减排事业健康、稳定地发展。

二　针对二氧化碳排放持续关注行业

电力、燃气及水生产和供应业，采掘业，交通运输、仓储和邮政业是二氧化碳排放持续关注行业，针对这些行业政府应该加大重视程度。

（一）加大低碳治理政府投入

加大对节能减排的资金投入，确保资金的落实。根据国际上的经验，当治理二氧化碳排放的投资占国内生产总值的比例达到1% ~1.5%时，可以控制二氧化碳排放增长的趋势；当该比例达到2% ~3%时，二氧化碳排放可以有所改善。可见，为了控制二氧化碳排放过度和生态破坏，改善大气环境质量就必须有充足的资金投入作为后盾。长期以来，我国在治理二氧化碳排放过量事业方面投入的经费一直没有纳入国家预算中，基本上是在有关部门和地方政府的自有资金中临时筹措一些，毫无保障性可言。而西方发达国家在此上的投资一般占 GDP 的1.5% ~2%。为了保证二氧化碳减排工作资金的落实，各级财政部门要从本地财力出发，每年从预算内的支出中安排部分资金专门用于防治二氧化碳过度排放。

同时，决策部门应充分发挥积极作用，制定出有效节能减排的相关政策，建立行业间的二氧化碳排放权交易市场，完善碳交易的法律法规。改变依靠行政手段为主体的提高二氧化碳排放效率的思路，形成使能源效率提高的内在动力机制。从宏观的层面来看，形成中央政府与地方政府激励相容机制，中央政府的节能减排政策要与地方政府的经济利益相一致。从企业微观的层面来看，设计地方政府与企业行为的激励相容机制，政府实行提高节能减排效率的政策与企业的经济效益相一致。

（二）运用市场经济手段调控

靠市场自身来完善，有专家指出，以后国内自身的二氧化碳交易市场发展将是一个绝对的趋势，因此需要尽快构建并完善国内的二氧化碳交易体系，让市场充分活跃起来。从二氧化碳排放权的供求关系看，现阶段各国的环境污染都比较严重、能源利用率也较低。由此产生的二氧化碳气体必然增加，发达国家对二氧化碳排放权的需求增加。供给小于需求的结果便是二氧化碳排放指标的价格变高。二氧化碳排放权交易在未来一段时间内必定会越来越多，由此而得到的企业产品收益自然会逐渐增多。当企业看到二氧化碳交易市场所带来的巨大收益时，便会选择放弃短期利益，用短期的高成本去换取长远的高额利润和自身的可持续发展。

建立二氧化碳排放权交易的期货市场，争夺国际间的话语权。我国的二氧化碳排放权交易现货市场交易相对比较分散，不能反映未来其供求变化及价格走势，建立期货市场有助于我国的二氧化碳排放权交易价格的形成，为现货市场上有二氧化碳交易权的供给和需求的企业提供经营决策的主要依据。

（三）研发节能减排技术设备

二氧化碳排放过量导致全球变暖、恶劣天气频发，这些现象从某种程度上已经成为产生科技创新的动力之一。降低化石类能源消费量、提高能源效率、开发新能源、降低太阳能和风能等可再生能源使用成本、研发固碳设备等，同时将强化国际间合作，积极引进国外先进经验和设备，提高减排效率。

三　针对二氧化碳排放安全可控行业

批发和零售业，住宿和餐饮业，农林牧渔业，水利业和建筑业处于二氧化碳排放安全可控行业，针对这些行业政策也不能放松，因为这些行业的二氧化碳减排潜力也是不容忽视的。

（一）发展高效生态农业

中国是一个人口众多的国家，并且人民群众的吃饭问题始终是国家的头等大事。同时，我国又是一个从事农业生产人口众多的国家，农民占人口的大多数，由此可见农业在我国国民经济中占据着举足轻重的地位，关乎民生。农业的可持续发展，对于我国能否顺利走上低碳生产的道路发挥着至关重要的作用。

通过前面的研究可知，目前我国农业并不属于能源效率低下和高二氧化碳排放行业，但是我国农业生产方式和运行管理等方面还存在很多问题，如生产方式过于粗放、缺乏有效管理、机械化生产程度不高、专家很难深入生产一线进行指导工作、缺乏农业产品深加工能力等。低碳生态农业是在总结、吸收各种农业生产实践成果经验的基础上，根据生态学、管理学和循环生产原理，应用现代科学技术方法建立和发展起来的一种具备多层次、多结构、多功能的集约型经营管理的综合农业生产体系，有助于实现我国农业的高效低碳生产。

（二）培养公众的低碳生活意识

由于批发和零售业等第三产业受人为因素影响较大，所以培养公众节能减排意识就显得尤为重要。在中国，要想有效控制温室气体排放、保护生态环境，就必须依靠社会和广大人民群众的力量。国家应加大对公众的环境保护教育和宣传力度，培养人民群众的低碳生活意识，使广大的人民群众自觉地加入到低碳经济的队伍中来。人民群众的低碳生活意识得到提高后能够有效降低消费者对高能耗消费的需求，加快我国进入可持续发展模式的进程。通过人民群众选择性消费，逐步淘汰高能耗、高排放的产业与生产模式，促进低碳型产业与生产模式，逐步推进可持续发展。

人民群众的低碳意识得到普及之后便会形成一股强大的支持低碳

产业发展的舆论和社会力量，在政府制定低碳政策过程中发挥积极作用。纵观发达国家环境立法历史，每次环境立法的进步都与人民群众的呼声密不可分。

四 加强碳会计信息披露的对策与建议

（一）加强对企业碳会计信息披露的指导

随着世界范围内大力倡导低碳经济理念，各国相继采取措施进行减排治理，碳会计领域的研究也日渐兴起。我国上市公司碳会计信息披露现状不尽如人意，很大程度在于碳会计的研究在我国起步较晚，发展相对滞后，尚处于初级阶段，在理论和实务中都没有形成规范的体系。理论源于现实，并对实务有重大指引作用。因而，在当前的发展阶段，呼吁学术界加强对碳会计领域的关注，大力推进对于碳会计信息披露的研究，探讨更为科学、有效的政策建议，将对政府部门的宏观监控、上市公司的信息披露、社会公众的广泛认可以及低碳经济的快速发展都具有积极的促进作用。碳会计作为会计的一个新兴分支学科，是低碳理论与会计体系的结合，要做好我国上市公司碳会计信息披露工作，就必须充分了解和掌握前沿理论，理清该学科的发展脉络与动向。现阶段，美国、加拿大、日本等国家已经在碳会计理论和实务研究中取得一定成果，我国应借鉴优秀的研究成果，研究和分析国外先进的实践经验，选取典型样本进行深层次挖掘，结合自身的实际情况，对碳会计理论和实务进行深入探究。并把研究成果在典型企业中进行试点，理论与实践不断碰撞和磨合，待成熟后再大力推广。进行碳会计研究中的一个重点方向就是上市公司碳会计信息披露工作，信息披露是企业主体的环境行为最为直接有效的反映，目前披露工作的开展要依赖于合理的披露规则和模式，因此对于此的研究亟待加强，以便更好地推动碳会计信息披露实务工作的开展。

（二）加强政府对企业披露碳会计信息的监管

首先，完善与低碳相关的立法工作。我国从 1979 年开始就制定了《水污染防治法》《环境保护法》《矿产资源法》等环境保护与资源保护的法律，对企业提出了相关的环境要求，但是许多法规的表述是相当概括和原则性的，执行起来有很大的难度。鉴于此，我国政府部门、国家环保部门应该不断完善和加强与低碳相关的立法工作，在立法时把法律、法规的实务操作性放在首位，争取制定出更多、更好的法律、法规，以此来推动碳会计的发展。其次，加强政府对碳会计披露的宏观监控。根据我国《会计法》的相关规定，全国的会计工作由财政部统一管理；根据我国《公司法》的相关规定，中国证监会参与监管在证券市场公开发行股票的大型上市公司的信息披露工作；由于碳会计信息的特殊性，对于耗费资源大、环境污染重的企业，应当由各级环保局等行政组织配合进行监管。因此，企业的碳会计信息披露应该由财政部、中国证监会、环保局等各个政府相关部门通过检查、指导促使各企业按照要求定期予以披露。最后，开展对企业低碳会计信息披露的审计工作。碳会计信息披露在我国起步晚，也没有严格的标准可以遵照执行。对碳会计信息披露进行审计，其审计范围包括自愿披露的信息与强制性披露的信息，货币性政策与非货币性政策。要审查企业的碳资产状况信息、碳负债及所有者权益状况信息、碳成本费用支出信息、碳收益信息、碳效益信息、资源开发及利用信息、环境保护信息、环境质量状况信息、碳会计法规制度执行状况信息、企业内部控制制度的制定和实施情况信息、企业低碳目标完成情况信息等，确保审计的真实性、正确性与客观性。只有确保环境会计信息的真实性、可信性，才能满足各利益相关者对碳会计信息的需要。

（三）提高企业自身披露碳会计信息的能力

首先，引入低碳经济和碳减排相关的业绩评价指标，建立奖励和惩罚机制。在企业业绩评价指标中增加与碳减排、碳治理和碳会计信息披露相关的指标，如评价治理碳排放中的投资与研发活动的碳治理投资指标、评价减排工作执行情况的碳减排指标、碳会计信息披露规范性指标、碳会计信息披露完整性指标等，引导企业参与绿色投资，共建低碳经济社会。对碳会计信息披露工作做得好的企业给予奖励，而对于不进行碳会计信息披露或披露不全面、敷衍了事的企业进行一定程度的惩罚并在媒体上予以公开。其次，完善公司内部治理制度，加强内部监督。企业应当提升自身的低碳管理水平，优化公司治理结构，充分发挥各职能部门的作用，逐步形成包括目标设定、计划制订、具体实施、效果评估和信息披露等步骤的低碳工作管理体系，成为碳会计信息披露的基础和保障。最后，更新会计人员的知识结构，培养碳会计所需的复合型人才。推行碳会计，对外披露碳会计信息，要求会计人员在掌握传统会计知识结构和经济管理相关知识的基础上，掌握环境科学和环境经济学的知识，了解企业的生产经营业务与环境之间的相互关系。因此，企业的会计人员在后续教育和培训上应该在注重会计技术和会计方法教育的同时，逐步加强环境学等的学科教育，注重经济、生态、环境、资源等方面知识的学习，掌握碳会计的处理方法，加强复合型能力的培养，掌握全面的基础知识，帮助企业管理层找到企业碳成本降低的突破口。

（四）提升社会对企业披露碳会计信息的意识

技术进步是低碳发展的重要保障，结构调整可以带来显著的节能和减排成效，但没有相关的政策，技术进步不能发挥应有效果，结构调整不会自动实现。而政策得到切实落实，要求社会各界具备可持续发展理念，从长远来看，要选择合理的消费理念和生活方式对低碳生产与消费生产积极影响，因此必须加大节能减排的宣传力度，调动民众参与积极性。

第一，政府应当鼓励网络、电视、广播等媒体大力宣传低碳减排，对低碳减排工作优秀的单位和个人提出表彰。第二，将低碳减排的理念、方法和技术融入到学校的课程中，融入到群众的生活中，使公民从身边树立起节能减排的良好道德风尚。例如，建设温室气体减排知识宣传的展览会、开展气候变化体验活动等。第三，充分发挥政府部门以及民间组织等机构在推进低碳减排方面的积极性，发挥自身优势开展各种形式的节能减排活动。总之，要通过加大低碳生产方式和低碳生活方式的宣传力度，从自我做起、从点滴做起、从现在做起、从身边做起，推进生活方式的转变，为低碳减排作出应有的贡献。

附　录

附表1　2005—2010年各地区碳排放总量

各地区碳排放总量（吨标准煤）	2005年	2006年	2007年	2008年	2009年	2010年
北京市	34223482.1	37868858.05	43154402.63	45164665.27	45205214.42	50418684.88
天津市	26610101.32	29282667.09	32757639.98	39055896.02	38597776.35	46768381.29
河北省	120451724.8	133386872.4	153932127.8	169733843.1	173499636.9	198161922
山西省	76603415.61	86481782.01	101949596.2	114680693.4	106771880.6	126222648.7
内蒙古自治区	59443913.68	73230008.33	90876661	112592304.7	120110612.1	137197246.9
辽宁省	90392097.14	101373320.1	116770308.6	135664043.8	134366943.8	156342802
吉林省	36665384.62	41749360.61	49305395.18	56956856.5	54015007.83	60916463.84
黑龙江省	49411419.17	53837328.4	59040898.29	65834023.32	63986961.7	73571446.37
上海市	49951193.06	56651654.33	63881953.75	69175760.16	67142853.84	75020496.7
江苏省	105027135.9	118907578.1	136226717.5	152705983.3	160952319.7	186635798.3
浙江省	74122708.26	83359548.25	95312384.62	103020166	104567116	122005640.9
安徽省	39736013.22	43934643.49	50874696.06	58406949.94	62816248.59	73510613.07
福建省	37819113.96	42220985	49672052.07	56002443.14	60913067.83	70828121.13
江西省	26394687.23	30269257.16	34961458.34	39707954.3	41349419.65	49020502.51
山东省	144303365.9	165476861.4	185908848.6	208857462.5	223040075.7	246438121.3
河南省	89681025.87	101684001.9	118409440.9	134820024.6	138225567.4	158042731.1
湖北省	61081011.8	68358018.38	80376462.66	91372196.4	97853938.96	115946061.4
湖南省	56682188	63805666.89	76076348.12	86883514.06	96353761.88	115177149.8
广东省	109382260.4	125825153	145701818.4	161490273.9	165764964.6	187534223.6
广西壮族自治区	29834681.14	34696484.66	41177614.78	47663446.15	50340906.78	60854994.21
海南省	5070965.632	5804419.655	6912960.641	8072642.309	8630598.371	10239001.05

续表

各地区碳排放总量（吨标准煤）	2005 年	2006 年	2007 年	2008 年	2009 年	2010 年
重庆市	30224818.88	32880151.39	38260273.06	45056863.82	47336384.44	54825968.16
四川省	69355219.51	79905178.01	92840304.56	106816404.8	116220617.1	134494086.9
贵州省	40005531.27	45769499.19	54206122.99	62850603.69	56390216.55	63502286.01
云南省	36759587.92	41810908.19	48071500.4	54574079.12	56616119.43	63764474.35
陕西省	35735223.17	41520238.63	48095846.23	57513508.71	58771987.29	70154431.64
甘肃省	26828213.7	30729986.98	34983040.38	39128976.97	38758257.48	45553454.78
青海省	10238242.38	12423246.1	14990887.15	18350658.11	17846633.1	21137012.15
宁夏回族自治区	15567388.45	18263586.01	22306708.69	27238569.73	28691348.69	34307857.14
新疆维吾尔自治区	33727679.44	39103659.05	43834641.06	50403570.94	50772919.49	63680517.44

附表2 2005—2010年各地区人均碳排放量

各地区人均碳排放量（吨标准煤）	2005年	2006年	2007年	2008年	2009年	2010年
北京市	2.225193894	2.395247188	2.642645599	2.664582022	2.575795693	2.569890661
天津市	2.551304057	2.723969032	2.937904931	3.321079594	3.14273192	3.599533691
河北省	1.758162674	1.933703573	2.217083794	2.428648086	2.466445424	2.754697537
山西省	2.28326127	2.562423171	3.004703689	3.362468691	3.115280582	3.531578206
内蒙古自治区	2.491362686	3.055069183	3.778655343	4.664660284	4.959006637	5.549649483
辽宁省	2.141485362	2.373526578	2.716852224	3.144228888	3.111066075	3.573631442
吉林省	1.349977342	1.533211921	1.806058432	2.083279316	1.971674466	2.217884558
黑龙江省	1.293492648	1.408248193	1.543956545	1.720975464	1.672424509	1.919220543
上海市	2.809403434	3.121303269	3.438210643	3.66307786	3.495203219	3.257991655
江苏省	1.405045297	1.574934809	1.786579902	1.989058436	2.083525174	2.371682991
浙江省	1.513326016	1.673886511	1.883643965	2.012112617	2.018670194	2.24007008
安徽省	0.649281262	0.719061268	0.831557634	0.952028524	1.024567747	1.23408086
福建省	1.069847637	1.186649382	1.38710003	1.553896868	1.679433908	1.917902007
江西省	0.61226368	0.697609061	0.800399687	0.902453507	0.93294099	1.098560471
山东省	1.560373766	1.777600831	1.984721348	2.217822677	2.355153223	2.570313041
河南省	0.956087696	1.082666119	1.265058129	1.429844359	1.456999762	1.680327896
湖北省	1.069719997	1.200738071	1.410360812	1.599933399	1.710733199	2.024228286
湖南省	0.896019412	1.006081156	1.19711012	1.361810565	1.504117419	1.753050179
广东省	1.189713513	1.352376967	1.541981357	1.692060708	1.719910402	1.796138956
广西壮族自治区	0.640229209	0.735250788	0.863624471	0.989689496	1.036674357	1.32006495
海南省	0.612435463	0.694308571	0.818101851	0.945274275	0.998830925	1.178859812
重庆市	1.080229409	1.170956246	1.358674469	1.587068116	1.655697252	1.900630522
四川省	0.844559419	0.978151279	1.142368704	1.312563342	1.419922017	1.671788991

续表

各地区人均碳排放量（吨标准煤）	2005 年	2006 年	2007 年	2008 年	2009 年	2010 年
贵州省	1.07253435	1.218245919	1.440885779	1.657133613	1.484734506	1.825333907
云南省	0.826058156	0.932654655	1.06494241	1.201278431	1.238593731	1.385702242
陕西省	0.960624279	1.111652975	1.283240294	1.528801401	1.55811207	1.878184037
甘肃省	1.034241083	1.179201342	1.336761191	1.48885808	1.470644877	1.779445729
青海省	1.885495835	2.267015711	2.715740425	3.310600417	3.202338614	3.754353846
宁夏回族自治区	2.611977927	3.023772517	3.65683749	4.409747564	4.589147264	5.420225154
新疆维吾尔自治区	1.677994002	1.907495564	2.092345635	2.365476391	2.352089959	2.914293442

附表3　2005—2010年各地区碳排放强度

各地区碳排放强度（吨标准煤/万元）	2005年	2006年	2007年	2008年	2009年	2010年
北京市	0.491045037	0.466492786	0.438257696	0.406339769	0.371966616	0.357235265
天津市	0.681324989	0.656158931	0.623627198	0.581274563	0.513142064	0.507004001
河北省	1.203060342	1.163162932	1.131245005	1.060043475	1.006642327	0.971655368
山西省	1.810728576	1.772672585	1.69226396	1.567661282	1.451038086	1.371857073
内蒙古自治区	1.522239616	1.481114594	1.414823514	1.325207795	1.23313685	1.175439058
辽宁省	1.123265523	1.089506177	1.04592593	0.992524782	0.883267261	0.84705269
吉林省	1.01278039	0.976565818	0.932985571	0.886336293	0.742091813	0.70280821
黑龙江省	0.896157193	0.866694491	0.831093726	0.791810123	0.745160844	0.709560079
上海市	0.540149541	0.535852897	0.511300645	0.491658844	0.446237178	0.437030083
江苏省	0.564701793	0.54690141	0.523576771	0.492886456	0.467106592	0.450533822
浙江省	0.552425667	0.53032864	0.508231614	0.479996524	0.454830466	0.440099115
安徽省	0.742705619	0.718767174	0.69114589	0.659841769	0.624241004	0.594778302
福建省	0.576977919	0.556722311	0.53708051	0.517438708	0.497796907	0.48061033
江西省	0.650634675	0.627923842	0.602757783	0.569612243	0.540149541	0.518666321
山东省	0.78567206	0.755595551	0.721222399	0.675186927	0.65800035	0.629151454
河南省	0.84705269	0.822500438	0.788741091	0.748229876	0.709560079	0.684394021
湖北省	0.926847508	0.897384806	0.861170234	0.806541474	0.754981745	0.726132849
湖南省	0.859328816	0.829866113	0.805927668	0.751912714	0.737795169	0.718153367
广东省	0.484906974	0.473244655	0.458513304	0.438871502	0.419843507	0.407567381
广西壮族自治区	0.748843682	0.7310433	0.707104854	0.678869764	0.648793256	0.635903324
海南省	0.564701793	0.555494699	0.551198055	0.53708051	0.521735352	0.495955488
重庆市	0.871604941	0.841528433	0.818203794	0.777692578	0.724905237	0.691759697
四川省	0.939123634	0.919481833	0.878970617	0.847666496	0.821272825	0.782603028

续表

各地区碳排放强度（吨标准煤/万元）	2005 年	2006 年	2007 年	2008 年	2009 年	2010 年
贵州省	1.994870465	1.956814474	1.879474881	1.764693103	1.441217185	1.379836555
云南省	1.061884894	1.048381155	1.007256133	0.958765436	0.917640414	0.882653455
陕西省	0.908433319	0.875287779	0.83539037	0.786285866	0.71938098	0.692987309
甘肃省	1.387202231	1.349760047	1.29451748	1.235592076	1.144134937	1.105465141
青海省	1.884385331	1.915689452	1.880088687	1.801521481	1.650525132	1.565206057
宁夏回族自治区	2.541158069	2.515992011	2.426990098	2.26249001	2.120086949	2.03047123
新疆维吾尔自治区	1.295131286	1.284082773	1.244185364	1.204901761	1.187101378	1.171142414

附表4 2010年各地区碳减排投入、产出情况

	废气治理设施数（套）	第三产业法人单位数（万个）	电力消费量（亿千瓦小时）	R&D投资额（亿元）	“十一五”节能目标完成情况，比2005年降低（%）	单位能耗产值/能源利用效率（万元/吨标准煤）	主要能源煤炭储量（亿吨）	碳生产率/单位碳排放产值（万元/吨标准煤）
北京	2468	33.31	809.9	821.8	26.59	1.718213058	3.79	2.799275712
天津	3126	11.56	645.74	229.6	21	1.210653753	2.97	1.972371022
河北	13743	22.69	2691.52	155.4	20.11	0.631711939	60.59	1.029171487
山西	9517	14.3	1460	89.9	22.66	0.447427293	844.01	0.72893891
内蒙古	5183	10.56	1536.83	63.7	22.62	0.522193211	769.86	0.850745934
辽宁	9641	24.24	1715.26	287.5	20.01	0.724637681	46.63	1.180564105
吉林	3144	8.55	576.98	75.8	22.04	0.873362445	12.4	1.422863288
黑龙江	4396	13.01	747.84	123	20.79	0.865051903	68.17	1.409323931
上海	4319	28.98	1295.87	481.7	20	1.404494382	0	2.288172
江苏	11631	47.93	3864.37	857.9	20.45	1.36239782	14.23	2.219589188
浙江	21702	36.41	2820.93	494.2	20.01	1.394700139	0.49	2.272215431
安徽	4933	16.28	1077.91	163.7	20.36	1.031991744	81.93	1.681298725
福建	6470	20.18	1315.09	170.9	16.45	1.277139208	4.06	2.080687694
江西	4141	12.42	700.51	87.2	20.04	1.183431953	6.74	1.928021851
山东	11886	50.56	3298.46	672	22.09	0.975609756	77.56	1.589442404
河南	9079	24.97	2353.96	211.2	20.12	0.896860987	113.49	1.461146605
湖北	5478	25.38	1330.44	264.1	21.67	0.845308538	3.3	1.377158465
湖南	5154	20.92	1171.91	186.6	20.43	0.854700855	18.76	1.392460226
广东	12789	52.21	4060.13	808.7	16.42	1.506024096	1.89	2.453582024
广西	6017	16.65	993.24	62.9	15.22	0.965250965	7.74	1.572566085
海南	472	3.03	159.02	7	12.14	1.237623762	0.9	2.01630998
重庆	3511	12.11	626.44	100.3	20.95	0.887311446	22.49	1.445588699
四川	7346	26.72	1549.03	264.3	20.31	0.784313725	54.37	1.277787031
贵州	2910	8.81	835.38	30	20.06	0.444839858	118.46	0.724723516

续表

	废气治理设施数（套）	第三产业法人单位数（万个）	电力消费量（亿千瓦小时）	R&D投资额（亿元）	"十一五"节能目标完成情况，比2005年降低（%）	单位能耗产值/能源利用效率（万元/吨标准煤）	主要能源煤炭储量（亿吨）	碳生产率/单位碳排放产值（万元/吨标准煤）
云　南	5649	13.08	1004.07	44.2	17.41	0.695410292	62.47	1.132947472
西　藏	46	1.53	20.41	1.5	12	0.78369906	0.12	1.27678563
陕　西	3983	16.03	859.22	217.5	20.25	0.885739593	119.89	1.443027869
甘　肃	2769	8.75	804.43	41.9	20.26	0.555247085	58.05	0.904596593
青　海	981	2.28	465.18	9.9	17.04	0.392156863	16.22	0.638893515
宁　夏	1370	2.8	546.77	11.5	20.09	0.302297461	54.03	0.492496513
新　疆	3547	8.09	661.96	26.7	9.57	0.524109015	148.31	0.85386712

参考文献

[1] IEA STATISTICS, "CO_2 EMISSIONS FORM FUELCOMBUSTION", USA, *IEA*, 2010.

[2] OECD, "Indicators to Measure Decoupling of Environmental Pressure from Economic Growth", Paris, *OECD*, 2002.

[3] OECD, "Environmental Indicators-Development, Measure and Use", Paris, *OECD*, 2003.

[4] OECD, "Analysis of the Links between Transport and Economic Growth", Paris, *OECD*, 2003.

[5] Zhang Zhong Xiang, BARANZNIA, "What Do We Know About Carbon Taxes? An Inquiry Into Their Impacts On Comperiveness And Distrbution Of Income", *Energy Policy*, 2004.

[6] Ang, B. w, "Decomposition Analysis for Policy Making in Energy: Which is the Preferred Method?", *Energy*, Vol. 25, No. 1149 - 1176, 2000.

[7] Petit JR, Jouzel J, "Raynaud D. Climate and atmospheric history of the past 420, 000 years form the Vostok ice core, Antarctica", *Nature*, Vol. 399, No. 420 - 436, 1999.

[8] Leontief W, *Input-Output Economics*, Oxford: Oxford University Press, 1966.

[9] IPCC, "Guidelines for National Greenhouse Gas Inventories Volume 2 Energy", http://www.ipcc-nggip.iges.or.jp/public/2006gl/Vol.2.

html, 2011 - 02 - 09.

[10] IPCC, "Climate Change 2007: The physical Science Basis of Climate Change. Contribution of Working Group I to the Fourth Assessment Report of the Intergovemmental Panel on Climate Change", http: //www. ipcc. ch/, 2011 - 02 - 09.

[11] Torvanger, A, "Manufacturing sector carbon dioxide emissions in nine OECD Countries , 1973 - 1987: Adivisia index decomposition to changes in fuel mix , emission coefficients, industry structure, energy intensities and international structure", *Energy Economics*, Vol. 13, No. 168 - 186, 1991.

[12] Fan Y, Liang Q M, "Okada N. A model for China's energy requirements and CO_2 emissions analysis", *Environmental Modeling & Software*, Vol. 22, No. 378 - 393, 2007.

[13] Liu W D, Clifton W P, Liu H G, "The Global Economic Crisis and China's Foreign Trade", E*urasian Geography and Economics*, Vol. 50, No. 497 - 512, 2009.

[14] Kum baroglu G, Karali N, "Ankan Y, CO_2, GDP and RET: An Aggregate Economic Equilibrium Analysis for Turkey", *Energy Policy*, Vol. 7, No. 2694 - 2708, 2008.

[15] Roca J, A l can tara V, "Energy Intensity, CO_2 Emissions andthe Environmental Kuznets Curve, The Spanish Case", *Energy Policy*, Vol. 7, No. 553 - 556, 2001.

[16] Arik Levinson, Technology, "International Trade, and Pollution from US Manufacturing", *American Economic Review*, Vol. 99, No. 2177 - 2192, 2009.

[17] Focacci. A, "Empirical Analysis of the Environmental and Energy Policies in Some Developing Countries using Widely Employed Macroeconomic Indicators: The Cases of Brazil China and India", *Energy Policy*, Vol. 4, No. 543 - 554, 2005.

[18] John P. Holdren. "Energy and Environment-New problem", *Jour-*

nal of the American Contemporary, Vol. 6, No. 23 - 29, 2001.

[19] IPCC. *Summary for Policymakers of Climate Change* 2007: *The Physical Science Basis. Contribution of Working Group I to the Fourth Assessment Report of the Intergovernment Panel on Climate Change* , UK. Cambridge University Press, 2007.

[20] Vitousek P M, Mooney H A, "Jane Lubchenco, Mellillo J M. Hunan Dominaction of earth's ecosystems ", *SCIENCE*, Vol. 25, No. 494 - 499, 1997.

[21] Ehsan M asood. "A Sian Economic Lead Increase in Carbon Dioxide emissions", *NATURE*, Vol. 17, No. 213, 1997.

[22] Scholes. R. J, Noble. I. R, "Storing Carbon on Land", *SCIENCE* , Vol. 19, No. 8312 - 1013 , 2001.

[23] Jyoti Parikh, Manoj Panda, Ganesh-Kumar, Vinay Singh, "CO_2 emissions structure of Indian economy ", *Energy*, Vol. 34, No. 1024 - 1031, 2009.

[24] IPCC, *Climate change* 2001. *In*: *The Third Assessment Report of the Ntergovernmental Panel on Climate Change*, London: Cambridge University Press, 2001. pp. 45 - 50.

[25] IPCC. *Climate Change* 1995: *The Science of Climate Change* , New York: Cambridge University Press, 1996.

[26] IPCC, OECD, IEA , "Revised 1996 IPCC Guidelines for National Greenhouse Gas Inventories", IPCC, Bra knell, Vol. 2, 1996.

[27] Schimel D S. *CO_2 and carbon cycle. In*: *Climate Change* 1994: *Radioactive Forcing of Climate Change* (*IPCC*), Cambridge University Press, 1995, pp. 35 - 71.

[28] Ma J, "CO_2 release of main industries in China: situation and options", *Energy Conversion and Management*, Vol. 38, No. 673 - 678, 1997.

[29] Streets D G, jiang K J, Hu X L, "Recent reductions in China's greenhouse gas emissions", *Science*, Vol. 294, No. 1835 -

1836, 2001.

[30] Nicos M Christodoulakis, Sarantis C Kalyvitis, Dimitrios P Lalas, et al. , "Forecasting energy consumption and energy related CO_2 emission in Greece: An evaluation of the consequences of the Community Support Framework ll and natural gas penetration ", *Energy Economics*, Vol. 22, No. 395 - 422, 2000.

[31] Weber Christoph, Adriaan Perrels, "Modeling life style effects on energy demand and related emission", *Energy Policy*, Vol. 28, No. 549 - 566, 2000.

[32] F. Gerard Adams, Yochannan Shachmurove, "Modeling and forecasting energy consumption in China: Implications for Chinese energy demand", *Energy Economics*, Vol. 30, No. 1263 - 1278, 2008.

[33] Detlef P. van Vuuren, et al. , "Comparison of top-down and bottom-up estimates of sectoral and regional greenhouse gas emission reduntion potentials", Energy Policy, Vol. 37, No. 5125 - 5139, 2009.

[34] Ehrlich. PR, Holdren. JP, "Impact of population growth", *Science*, Vol. 171, No. 1212 - 1217, 1971.

[35] Silberglitt Richard, Anders Hove, Peter Schulman, "Analysis of US energy scenarios Meta-scenarios, pathways and policy implications", *Technological Forecasting & Social Change*, Vol. 70, No. 297 - 315, 2003.

[36] Thomas Dietz, Eugene A, Rosa, "Effects of population and affluence on CO_2 emissions", *Ecology*, Vol. 94, No. 175 - 179, 1997.

[37] York R, Rosa E A, Dieta T. STIRPAT, IPAT and IMPACT, "Analytic Tools For Unpacking the Driving Forces of Environmental Impacts", *Ecological Economics*, Vol. 3, No. 351 - 365, 2003.

[38] Scholes. R. J, Noble I R, "Storing Carbons on Land", *Science*, Vol. 29, No. 1012 - 1018, 2001.

[39] Coase. R. H, "The problem of social Cost", *Journal of Law and Economics*", Vol. 1, No. 1 – 44, 1960.

[40] Pacala S. Socolow R. Stabilization wedges, " solving the climate problem for the next 50 years with current technologies ", *Science*, Vol. 305, No. 968 – 972, 2004.

[41] International Energy Agency (IEA), "Global Gaps in Clean Energy Research, Development, and dmonstration", [EB/OL]. [2011 – 01 – 06]. http: //www. iea. org/ papers/2009/ global_ gaps. pdf.

[42] Rose A , Stevens B, "The efficiency and equity of marketable permits for CO_2 emission", *Resource and Energy Economics*, Vol. 15, No. 117 – 146, 1993.

[43] E. Cram ton and S. Kerr, "Trade able carbon permit auctions How and why to auction not grandfather", *Energy Policy*, Vol. 30, No. 333 – 345, 2002.

[44] Shane. P. B, Spice. B. H, " Market Response to Environmental Information Produced outside the Firm ", *The Accounting Review*, Vol. 8, 1983.

[45] Henri. J. F, JOURNEAUL. T. M, " Environmental Performance Indicators: An Empirical Study of Canadian Manufacturing Firms", *Journal of Environmental Management*, Vol. 87, 2008.

[46] Clarkson. P, " Revisiting the Relation between Environmental Performance and Environmental Disclosure: An empirical analysis", *Accounting*, *Organizations and Soeiety*, Vol. 33, 2008.

[47] R. Othman, R. Ameer, " Environmental Disclosures of Palm Oil Plantation Companies in Malaysia: A Tool for Stakeholder Engagement", *Corporate Social Responsibility and Environmental Management*, Vol. 27, No. 1, 2010.

[48] Stanny, Ely, "Corpate Environmental Disclosures about the Affects of Climate Change", *Corpate Social Responsibility and Environmengtal Manangement*, Vol. 15, 2008.

[49] Ans Kolk, David Levy, Jonatan Pinkse, "Corporate Responses in an Emerging Climate Regime; The Institutionalization and Commensuration of Carbon Disclosure", *European Accounting Review*, Vol. 17, 2008.

[50] Peters, G. and A. Romi. *Carbon Disclosure Incentives in a Global setting: An Empirical Investigation*, University of Arkansas, 2009.

[51] Kevin L. Doran, Quinn. E. L, "Climate Change Risk Disclosure; A Sector by Sector Analysis of SEC 10 - K filings from 1995 - 2008", *North Carolina Journal of International Law and Commercial Regulation*, Vol. 3, 2009.

[52] Erin M. Reid, Michael W. Toffel, "Responding to Public and Private Politics: Corporate Disclosure of Climate Change Strategies", *Strategic Management Journal*, Vol. 30, 2009.

[53] Elizabeth Stanny, "Voluntary Disclosures of Emissions by US Firms", *Business Strategy and the Environment*, Vol. 22, 2013.

[54] 国务院新闻办公室:《我国承诺2020年单位GDP的二氧化碳排放下降40%~45%》,新华网,2009—11—26。

[55] 王迪、聂锐:《江苏省节能减排影响因素及其效应比较》,《资源科学》2010年第32期第7版。

[56] 杨蕾、李光明、沈雁文、黄菊文:《中国能源消费带来的碳排放问题与碳减排措施》,《科技资讯》2008年第3期。

[57] 魏楚、杜立民、沈满洪:《中国能否实现节能减排目标:基于DEA方法的评价与模拟》,《世界经济》2010年第3期。

[58] 张加乐:《我国自然环境保护的财政政策选择》,《理论导刊》2005年第7期。

[59] 张世明、贾海波:《基于超效率DEA模型的我国基础教育绩效评价研究》,《科技信息》2008年第31期。

[60] 徐国志、顾基发、车宏安:《系统科学》,上海教育出版社2000年版。

[61] 胡永宏、贺思辉:《综合评价方法》,科学出版社2000年版。

[62] 国涓、刘长信、孙平：《中国工业部门的碳排放：影响因素及减排潜力》，《资源科学》2011 年第 33 期第 9 版。

[63] 张晓平：《中国能源消费强度的区域差异及影响因素分析》，《资源科学》2008 年第 30 期第 6 版。

[64] 齐绍洲、罗威：《中国地区经济增长与能源消费强度差异分析》，《经济研究》2007 年第 7 期。

[65] 王玉潜：《能源消耗强度变动的因素分析方法及其应用》，《数量经济技术经济研究》2003 年第 31 期第 6 版。

[66] 魏楚、沈满红：《能源效率及其影响因素——基于 DEA 胡实证分析》，《管理世界》2007 年第 8 期。

[67] 杨红亮、史丹：《能效研究方法和中国各地区能源效率的比较》，《经济理论与经济管理》2008 年第 3 期。

[68] 邹艳芬、陆宇海：《基于空间自回归模型的中国能源利用效率区域特征分析》，《统计研究》2005 年第 10 期。

[69] 史丹：《中国能源效率的地区差异与节能潜力分析》，《中国工业经济》2006 年第 8 期。

[70] 史丹、张金隆：《产业结构变动对能源消费的影响》，《经济理论与经济管理》2009 年第 8 期。

[71] 魏一鸣、范英、韩志勇、吴刚：《中国能源报告（2006）战略与政策研究》，科学出版社 2006 年版。

[72] 郎一环、王礼茂、王冬梅：《能源合理利用与二氧化碳减排的国际经验及对我国的启示》，《地理科学进展》2004 年第 23 期。

[73] 张晓平：《中国对外贸易产生的二氧化碳牌坊区位转移分析》，《地理学报》2009 年第 64 期。

[74] 鲍芳艳：《征税碳税的可行性分析》，《时代经贸》2008 年第 6 期。

[75] 王金南、严刚：《应对气候变化的中国碳税政策研究》，《中国环境科学》2009 年第 29 版第 1 期。

[76] 中国统计局：《中国统计年鉴》，中国统计出版社 2004—2010

年版。

[77] 胡秀莲、徐华清:《中国温室气体减排技术选择及对策评价》,中国环境科学出版社 2001 年版。

[78] 王伟中、郭口生、周海林:《清洁发展机制方法学指南》,社会科学文献出版社 2005 年版。

[79] 中国科学院可持续发展战略研究组:《2004 中国可持续发展战略报告 3》,科学出版社 2005 年版。

[80] 陈诗一:《能源消耗、二氧化碳排放与中国工业的可持续发展》,《经济研究》2009 年第 4 期。

[81] 陈诗一:《节能减排与中国工业的双赢发展:2009—2049》,《经济研究》2010 年第 45 期第 3 版。

[82] 王锋、吴丽华、杨超:《中国经济发展中碳排放增长的驱动因素研究》,《经济研究》2010 年第 2 期。

[83] 齐舒畅、王飞、张亚雄:《我国非竞争型投入产出表编制及其应用分析》,《统计研究》2008 年第 25 期第 5 版。

[84] 秦大河:《气候变化科学的最新进展》,《科技导报》2008 年第 7 期。

[85] Lawrence J L、陈锡康、杨翠红:《非竞争型投入占用产出模型及其应用——中美贸易顺差透视》,《中国社会科学》2007 年第 5 期。

[86] 邱东:《多指标综合评价方法的系统分析》,中国统计出版社 1991 年版。

[87] 郭亚军:《综合评价理论与方法》,科学出版社 2002 年版。

[88] 陈晓剑、梁梁:《系统评价方法与应用》,中国科学技术大学出版社 1993 年版。

[89] 徐国泉、刘则渊、姜照华:《中国碳排放的因素分解模型及实证分析》,《中国人口·资源与环境》2006 年第 6 期。

[90] 于荣、朱喜安:《我国经济增长的碳排放约束机制探微》,《统计与决策》2009 年第 13 期。

[91] 李晓燕:《基于模糊层次分析法的省区低碳经济评价探索》,

《华东经济管理》2010 年第 2 期。
[92] 孟卫军:《基于减排研发的技术政策选择策略》,《经济问题》2010 年第 9 期。
[93] 王波、张群、王飞:《考虑环境因素的企业 DEA 有效性分析》,《控制与决策》2002 年第 1 期。
[94] 张士杰、周加来:《区域经济发展与能源结构的关系研究》,《特区经济》2008 年第 12 期。
[95] 田徽:《辽宁省能源消耗及碳排放规律研究》,硕士毕业论文,中南林业科技大学,2010 年。
[96] 金晶:《世界及中国能源结构》,《能源研究与信息》2003 年第 19 期第 1 版。
[97] 齐玉春、董云社:《中国能源领域温室气体排放现状及减排对策研究》,《地球科学》2004 年第 24 期第 5 版。
[98] 郭延杰:《对"十五"期间中国能源结构优化的探讨》,《中国能源》2001 年第 1 期。
[99] 国家发展计划委员会基础产业发展司(编):《中国新能源与可再生能源 1999 白皮书》,中国计划出版社 2000 年版。
[100] 吴兑:《温室气体与温室效应》,气象出版社 2003 年版。
[101] 王珏:《全球变暖与中国能源发展》,《自然辩证法通讯》2002 年第 24 期第 4 版。
[102] 王明星、张仁键、郑循华等:《温室气体的源与汇》,《气候与环境研究》2000 年第 5 期第 1 版。
[103] 杨桂山:《全球海平面上升机制和趋势及其环境效应》,《地理科学》1993 年第 13 期第 3 版。
[104] 袁顺全、千怀遂:《能源消费与气候关系的中美比较研究》,《地理科学》2003 年第 23 期第 5 版。
[105] 杜鸥:《我国碳排放状况及其影响因素研究》,硕士学位论文,山西财经大学,2011 年。
[106] 张军委:《重庆能源消费、碳排放量与经济增长》,硕士学位论文,重庆大学,2010 年。

[107] 马红燕:《中国能源消费结构转移的 Markov 链研究》，硕士学位论文，山西财经大学，2007 年。
[108] 刘长信:《中国工业化进程中的碳排放：影响因素、减排潜力及预测》，硕士学位论文，东北财经大学，2010 年。
[109] 许广月:《中国能源消费、碳排放与经济增长关系的研究》，硕士学位论文，华中科技大学，2010 年。
[110] 孙猛:《中国能源消费碳排放变化的影响因素实证研究》，硕士学位论文，吉林大学，2010 年。
[111] 方勇:《中国碳排放水平的区域差异及影响因素分析》，硕士学位论文，江苏大学，2011 年。
[112] 牛叔文、丁永霞、李怡欣、罗光华、牛云翥:《能源消耗、经济增长和碳排放之间的关联分析》，《中国软科学》2010 年第 5 期。
[113] 王学娜:《我国能源类碳源排碳量估算办法研究》，硕士学位论文，北京林业大学，2006 年。
[114] 国家环境保护总局规划与财务司:《环境统计概论》（第一版），中国环境学科出版社 2001 年版。
[115] 马忠海:《中国几种主要能源温室气体排放系数的比较评价研究》，硕士学位论文，中国原子能科学研究院，2003 年。
[116] 张德英:《中国工业部门碳源排碳量估算方法研究》，硕士学位论文，北京林业大学，2005 年。
[117] 徐国泉、刘则渊、姜照华:《中国碳排放的因素分解模型及实证分析：1995—2004》，《中国人口·资源与环境》2006 年第 16 期第 6 版。
[118] 毛玉如、沈鹏、李艳萍、孙启宏:《基于物质流分析的低碳经济发展战略研究》，《现代化工》2008 年第 28 期第 11 版。
[119] 谭丹、黄贤金:《中国东、中、西部地区经济发展与碳排放的关联分析及比较》，《中国人口·资源与环境》2008 年第 18 期第 3 版。
[120] 李慧明、杨娜:《低碳经济及碳排放评价方法探究》，《学术交

流》2010 年第 4 期。

[121] 徐大丰:《中国碳排放的结构分析》,《经济纵横》2010 年第 8 期。

[122] 朱达:《能源—环境的经济分析与政策研究》,中国环境科学出版社 2000 年版。

[123] 郑博福、王延春等:《基于可持续发展的我国现代化进程中能源需求预测》,《中国人口·资源与环境》2005 年第 15 期第 1 版。

[124] 梁巧梅、魏一鸣、范英:《中国能源需求和能源强度预测的情景分析模型及其应用》,《管理学报》2004 年第 1 期。

[125] 王冰妍、陈长虹等:《低碳发展下大气污染物和 CO_2 排放情景分析——上海案例研究》,《能源研究与信息》2004 年第 20 期第 3 版。

[126] 林伯强、魏巍贤、李丕东:《中国长期煤炭需求、影响与政策选择》,《经济研究》2007 年第 2 期。

[127] 张斌:《2020 年我国能源电力消费及碳排放强度情景分析》,《中国能源》2009 年第 31 期第 3 版。

[128] 余建清:《广东省化石燃料碳排放的地域差异研究》,硕士毕业论文,广州大学,2011 年。

[129] 李武:《基于环境库兹涅茨曲线假说的中国碳排放影响因素研究》,硕士毕业论文,内蒙古大学,2011 年。

[130] 张军委:《重庆能源消费、碳排放量与经济增长》,硕士毕业论文,重庆大学,2010 年。

[131] 郭琦蕾:《基于面板数据模型的中国入境旅游需求影响因素研究》,大连理工大学,2011 年。

[132] 米倩倩:《基于可持续发展视角的河北省能源消费结构研究》,硕士毕业论文,石家庄经济学院,2010 年。

[133] 关士续:《马克思关于技术创新的一些论述》,《自然辩证法》2002 年第 1 期。

[134] 史历仙:《我国能源产业技术创新影响因素及作用机理的实证

研究》，硕士毕业论文，中国矿业大学，2009 年。
[135] 王勤花、曲建升、张志强：《气候变化减缓技术：国际现状与发展趋势》，《气候变化研究进展》2007 年第 3 期第 6 版。
[136] 周五七、聂鸣：《促进低碳技术创新的公共政策实践与启示》，《中国科技论坛》2011 年第 7 期。
[137] 姜磊、吴玉鸣：《中国省域能源边际效率评价——来自面板数据的能源消费结构考察》，《资源科学》2010 年第 11 期第 32 版。
[138] 全胜跃：《对外开放与区域经济增长——基于空间面板计量的实证分析》，《商业时代》2011 年第 36 期。
[139] 2013 年 1 月 19 日访问网络资源：http：//bbs. jrj. com. cn/dol-dmsg/6_ 78975710. html。
[140] 陶冉、金润圭、高展：《跨国汽车公司环境责任研究——基于动态面板数据的回归分析》，《上海管理科学》2011 年第 33 期第 4 版。
[141] 张欣、赵涛：《基于 DEA 的我国省级区域低碳经济的效率评价研究》，《西安电子科技大学学报》（社会科学版）2011 年第 21 期第 5 版。
[142] 施圣炜、黄桐城：《期权机制——排污权交易的一种新尝试》，《生产力研究》2005 年第 3 期。
[143] 严刚、王金南：《中国的排污交易实践与案例》，中国环境科学出版社 2011 年版。
[144] 泰坦伯格：《初始排污权交易——污染控制政策的改革》，崔卫国等译，生活·读书·新知三联书店 1992 年版。
[145] 赵文会：《初始排污权分配理论研究综述》，《工业技术经济》2008 年第 178 期。
[146] 赵文会、高岩、戴天晟：《初始排污权分配的优化模型》，《系统工程》2007 年第 25 期第 6 版。
[147] 李寿德、黄桐城：《交易成本条件下初始排污权免费分配的决策机制》，《系统工程理论方法应用》2006 年第 8 期第 4 版。

[148] 李寿德、黄桐城:《初始排污权分配的一个多目标决策模型》,《中国管理科学》2003 年第 12 期第 6 版。

[149] 聂力:《我国碳排放权交易博弈分析》,硕士毕业论文,首都经济贸易大学,2013 年。

[150] 肖江文、罗云峰、赵勇:《初始排污权拍卖的博弈分析》,《华中科技大学学报》2001 年第 9 期。

[151] 施圣炜、黄桐城:《期权理论在排污权初始分配中的应用》,《中国人口·资源与环境》2005 年第 1 期。

[152] 胡民:《排污权定价的影子价格模型分析》,《价格天地》2007 年第 2 期。

[153] 张坤、孙涛、戴红军:《初始排污权定价的分散决策模型》,《技术经济》2013 年第 7 期。

[154] 祝飞、赵勇、岳超源:《排污收费政策下的企业执行行为及其影响分析》,《华中理工大学学报》2000 年第 28 期第 2 版。

[155] 王伟中、陈宾等:《京都议定书和碳排放权分配问题》,《清华大学学报》2002 年第 6 期。

[156] 张芳、邹俊:《碳交易背景下我国 CDM 项目发展问题研究》,《商业时代》2011 年第 18 期。

[157] 李布:《借鉴欧盟碳排放交易经验构建中国碳排放交易体系》,《中国发展观察》2010 年第 1 期。

[158] 邵翠丽:《低碳经济模式下碳排放权的确认和计量——基于我国碳排放交易低廉定价的思考》,中国会计学会会计基础理论专业委员会 2011 年专题学术研讨会论文集。

[159] 王锐:《碳排放权交易的市场定价》,硕士毕业论文,哈尔滨工业大学,2010 年。

[160] 杨汛:《碳排放权交易百日成交 6.4 万吨》,《北京日报》2014 年 3 月 10 日。

[161] 彭江波:《排放权交易作用机制与应用研究》,中国市场出版社 2011 年版。

[162] 刘国栋:《欧盟碳金融发展经验》,《银行家》2013 年第 5 期。

[163] 中国清洁发展机制基金管理中心，大连商品交易所：《碳配额管理与交易》，经济科学出版社 2010 年版。

[164] 王广起、张德升等：《排污权交易应用研究》，中国社会科学出版社 2012 年版。

[165] 苏丹、李志勇：《中国排污权有偿使用与交易实证的比较研究》,《环境污染与防治》2013 年第 9 期。

[166] 黄霞、魏文慧：《我国城市水污染物排放权交易的法律分析》,《安全与环境工程》2012 年第 5 期第 5 版。

[167] 葛勇德、李耀东：《二氧化硫排污权开始交易》,《中国环境报》2001 年第 11 期第 5 版。

[168] 施纪文：《排污权交易在浙江电力 SO_2 治理中的可行性研究》,《华东电力》2005 年第 33 期第 6 版。

[169] 赵文会：《排污权交易市场理论与实践》，中国电力出版社 2010 年版。

[170] 汤亚莉、陈自力、刘星、李文红：《我国上市公司环境信息披露状况及影响因素的实证研究》,《管理世界》2006 年第 1 期。

[171] 李晚金、匡小兰、龚光明：《环境信息披露的影响因素研究——基于沪市 201 家上市公司的实证研究》,《财经理论与实践》2008 年第 153 期。

[172] 卢馨、李建明：《中国上市公司环境信息披露的现状研究：以 2007 年和 2008 年沪市 A 股制造业上市公司为例》，《审计与经济研究》2010 年第 3 期。

[173] 李启平、刘美兰：《煤炭行业上市公司环境信息披露质量的实证研究》,《湖南科技大学学报》（自然科学版）2012 年第 4 期。

[174] 刘茂平：《上市公司实际控制人特征与企业环境信息披露质量——以广东上市公司为例》,《领南学刊》2012 年第 2 期。

[175] 谭德明、邹树梁：《碳信息披露国际发展现状及我国碳信息披露框架的构建》,《统计与决策》2010 年第 11 期。

[176] 张萍：《企业碳信息披露现状及影响因素的研究——基于世界500强企业的实证分析》，硕士毕业论文，北京交通大学，2011年。
[177] 张彩平、肖序：《国际碳信息披露及其对我国的启示》，《财务与金融》2010年第3期。
[178] 方健、徐丽群：《信息共享、碳排放量与碳信息披露质量》，《审计研究》2012年第4期。
[179] 张劲松：《企业环境行为信息公开及其评价模型研究》，《科技管理研究》2008年第12期。
[180] 刘宝财、林钟高：《基于AHP——模糊模型的环境信息披露绩效评价》，《新会计》2012年第3期。
[181] 刘学文：《基于AHP-Fuzzy法的上市公司环境信息披露质量评价》，《山东大学学报》（哲学社会科学版）2012年第4期。
[182] 李斌、王奇杰：《建设项目绩效审计评价指标及权重求解》，《统计与决策》2011年第17期。

后　记

2013年，作者承担了国家哲学社会科学基金项目“碳排放强度、影响因素与减排潜力研究”（13BGL111），研究小组在大量调查研究的基础上，以我国各省区能源消费数据为依据，探索了碳排放强度及其影响因素，从而在实证角度检验了能源消费强度、能源消费结构和技术创新对碳排放强度的影响；运用退耦指数理论对我国各省区碳排放潜力进行描述，进一步明确了各省区碳减排的方向和措施。为了在宏观层面研究我国碳减排的政策取向，我们研究了碳排放权交易机制与对价问题，以及碳排放信息披露问题。本书是上述研究成果的集成，承载了研究小组几年来的辛勤劳动的成果。在本书出版之际，我对研究小组徐程程、张肖杰、苏敏等同志表示衷心感谢，同时对中国社会科学出版社责任编辑的大力支持和帮助表示感谢。

由于本人水平有限，掌握的国内外资料还不够充分，书中错误在所难免，恳请大家批评指正。

李志学

2016年1月16日于西安